U0183006

空间规划的合约分析丛书

丛书主编　李贵才　刘世定

基于协调博弈的控制性详细规划编制研究

RESEARCH ON THE PREPARATION OF REGULATORY PLAN BASED ON COORDINATION GAME THEORY

王　超　著

“空间规划的合约分析丛书”总序

摆在读者面前的这套丛书，是北京大学深圳研究生院的一个跨学科研究团队多年持续探索的成果。

2004年9月，我们——本丛书的两个主编——在北京大学深圳研究生院相识。一个是从事人文地理学和城市（乡）规划教学、研究并承担一些规划实务工作的教师（李贵才），另一个是从事经济社会学教学和研究的教师（刘世定）。我们分属不同的院系，没有院系工作安排上的交集。不过，在北京大学深圳研究生院，教师之间和师生之间自由的交流氛围、比较密集的互动，包括在咖啡厅、餐厅的非正式互动，却屡屡催生一些跨越学科的有趣想法以及合作意向。

使我们产生学术上深度交流的初始原因之一，是我们都非常重视实地调查。在对有诸多居民工作、生活的城市和乡村社会进行实地调查的过程中，作为空间规划研究者和社会学研究者，我们发现相互之间有许多可以交流的内容。我们了解到居民对生活环境（包括景观）的理解，观察到空间格局对他们行为和互动方式的影响，观察到空间格局变化中政府、企业力量的介入和政府、企业与居民间的互动，观察到这些互动中的摩擦和协调，等等。在交流这些了解到/观察到的现象的同时，我们也交流如何分析这些现象、从各自学科的视角看待这些现象的意义。

来自这两个学科的研究者间的交流产生了某种——有时是潜在的、默识中的——冲击力。注重实然分析和理论建构的社会学研究者常常习惯性地追问：空间规划研究领域拥有何种有社会意涵的分析性理论工具？对于注重形成操作性方案的空间规划研究者来说，他们会习惯性地追问社会学研究者：你们对社会摩擦、冲突的描述和分析，能为建设一个更美好的社会提供怎样的潜在可行提示？

这种冲击力引起了双方各自的反思。参与交流的空间规划研究者意识到，迄今为止，空间规划学界中所谓的空间规划理论，虽然有一些具有实然性理论的特点，但更多的则是对应然性思想的论述。而借鉴其他学科的分析性理论、联系空间规划的实践，是可以也有必要推进空间规划的分析性基础理论发展的。参与交流的社会学研究者则意识到，要建构对社会建设更具提示性的理论，需要在社会互动和社会制度的关系方面进行多类型的、前提条件更明确的深入探讨。在中国当前的城市化及空间格局变化中，空间规划的实践提供了这方面研究的重要场域。

经过多年的交流、反思、探讨，我们二人逐渐明确、着手合作并引起一些研究生兴趣的研究主题之一是，从合约视角对空间规划特别是城市规划进行探讨。其间，李贵才约刘世定到北京大学深圳研究生院城市规划与设计学院讲授合约概念、合约理论的源流和现代合约分析的特点，和学生一起讨论如何将合约分析与空间规划结合起来。

虽然到目前为止，合约理论及合约分析方法主要是在空间规划之外的社会科学中发展的，但是从合约角度看待规划的思想，对空间规划学者来说，既不难理解，也不陌生。例如，芒福德在《城市发展史》中曾形象地描述：“在城市合唱队中，规划师虽然可以高声独唱，但总不能取代全队其他合唱队员的角色，他们按照一个和谐的总乐谱，各自唱出自己的部分。”① 在这个比喻中就蕴含着规划的合约思想。

空间规划作为对空间建设行动的规制，属于制度范畴。当规划被确定为法规时，其制度特性更得到明显的体现。例如，1989 年 12 月 26 日，第七届全国人民代表大会常务委员会第十一次会议通过的《中华人民共和国城市规划法》“总则”第十条规定“任何单位和个人都有遵守城市规划的义务，并有权对违反城市规划的行为进行检举和控告”；第二十九条规定“城市规划区内的土地利用和各项建设必须符合城市规划，服从规划管理”；第三十条规定“城市规划区内的建设工程的选址和布局必须符合城市规划”；等等。在这里，城市规划的制度特性得到鲜明的体现。

对制度有不同的研究方法，合约分析方法是其中的一种。从合约角度看，制度是人们相互认可的互动规则。合约分析方法正是抓住行动者之间相互认可、同意这一特点进行互动和制度研究的。

从合约角度可以对空间规划概念做这样的界定：空间规划是规制人们进行空间设施（包括商场、住宅、工厂、道路、上下水道、管线、绿地、公园等）建设、改造的社会合约。这意味着在我们的研究视角中，空间规划既具有空间物质性，也具有社会性。

在我们看来，合约理论可以发展为空间规划的一个基础理论，

① 刘易斯·芒福德：《城市发展史》，宋俊岭、倪文彦译，中国建筑工业出版社，2005，第 369 页。

合约可以发展出空间规划分析的一个工具箱。利用这个工具箱中的一些具体分析工具，如合约的完整性和不完整性、合约的完全性和不完全性、多阶段均衡、规划方式与社会互动特征的差别性匹配等，不仅可以对空间规划的性质和形态进行分析，而且可以针对空间规划的社会性优化给出建设性提示。

从本丛书各部著作的研究中，读者可以看到对合约理论工具箱内的多种具体分析工具的运用。在这里，我们想提请注意的是合约的不完整性和不完全性概念。所谓完整合约，是指缔约各方对他们之间的互动方式形成了一致认可的状态；而不完整合约则意味着人们尚未对规则达成一致认可，互动中的摩擦和冲突尚未得到暂时的解决。所谓完全合约，是指缔约各方对于未来可能产生的复杂条件能够形成周延认知，并规定了各种条件下的行为准则的合约；而不完全合约是指未来的不确定性、缔约各方掌握的信息的有限性，导致合约中尚不能对未来可能出现的一些问题做出事先的规则界定。合约的不完全性，在交易成本经济学中已经有相当多的研究，而合约的不完整性，则是我们在规划考察中形成的概念并在前几年的一篇合作论文中得到初步的表述。[①]

在中国的空间规划实践中，根据国家关于城乡建设的相关法律规定，法定城市（乡）规划包括城市（乡）总体规划和详细规划，其中对国有土地使用权出让、建设用地功能、开发强度最有约束力的是详细规划中的控制性规划（深圳称为“法定图则”），因而政府、企业及其他利益相关者对控制性规划的编制、实施、监督的博弈最为关注。在控制性规划实施过程中的调整及摩擦特别能体现出

① 刘世定、李贵才：《城市规划中的合约分析方法》，《北京工业大学学报》（社会科学版）2019 年第 2 期。

城市（乡）规划作为一类合约所具有的不完整性和不完全性。

在此有必要指出，空间规划的合约分析方法不同于在社会哲学中有着深远影响的合约主义。社会哲学中的合约主义是一种制度建构主张，持这种主张的人认为，按合约主义原则建构的制度是理想的，否则便是不好的。我们注意到，有一些空间规划工作者和研究者是秉持合约主义原则的。我们在这里要强调的是，合约主义是一种价值评判标准，它不是分析现实并有待检验的科学理论，也不是从事科学分析的方法。而我们试图发展的是运用合约分析方法的空间规划科学。当然，如果合约主义者从我们的分析中得到某种提示，并推动空间规划的社会性优化，我们会审慎地关注。

2019 年，《中共中央、国务院关于建立国土空间规划体系并监督实施的若干意见》（中发〔2019〕18 号）把在我国长期施行的城乡规划和土地利用规划统一为国土空间规划，建立了国土空间规划的“五级三类”体系：“五级”是从纵向看，对应我国的行政管理体系，分五个层级，就是国家级、省级、市级、县级、乡镇级；“三类”是指规划的类型，分为总体规划、详细规划、相关的专项规划。本丛书在定名（“空间规划的合约分析丛书”）时，除了延续学术上对空间规划概念的传统外，也注意到规划实践中对这一用语的使用。

“空间规划的合约分析丛书”的出版，可以说是上述探讨过程中的一个节点。收入丛书中的 8 部著作，除了我们二人合著的理论导论性的著作外，其余 7 部都是青年学子将社会学、地理学及城市（乡）规划相结合的学术尝试成果。应该承认，这里的探讨从理论建构到经验分析都存在诸多不足。各部著作虽然都指向空间规划的合约分析，但不仅研究侧重点不同、具体分析工具不尽相同，甚至对一些关键概念的把握也可能存在差异。这正是探索性研究的特征。

要针对空间规划开展合约研究，一套丛书只是“沧海一粟”。空间规划层面仍有大量的现象、内容与问题亟待探讨。在我国城镇化进程中，制定和实施高质量空间规划是一项重要工作，推出这套丛书，是希望能起到“抛砖引玉”的作用。

就学科属性而言，这套丛书是社会学的还是空间规划学的，读者可以自行判断。就我们二人而言，我们希望它受到被学科分类规制定位从而分属不同学科的研究者们的关注。

同时，我们也希望本丛书能受到关心法治建设者的关注。在我们的研究中，合约的概念是在比法律合约更宽泛的社会意义上使用的。也就是说，合约不仅是法律合约，而且包括当事人依据惯例、习俗等社会规范达成的承诺。不论是法律意义上的合约，还是社会意义上的合约，都有一个共同点，即行动者之间对他们的互动方式的相互认可、同意。空间规划的合约分析方法正是抓住行动者之间相互认可、同意这一特点，来对空间规划的制定、实施等过程进行分析。这种分析，对于把空间规划纳入法治轨道、理解作为法治基础的合约精神，将有一定的帮助。

这套丛书是北京大学未来城市实验室（深圳）、北京大学中国社会与发展研究中心（教育部人文社会科学重点研究基地）和北京大学深圳研究生院超大城市空间治理政策模拟社会实验中心（深圳市人文社会科学重点研究基地）合作完成的成果。在此，对除我们之外的各位作者富有才华的研究表示敬意，对协助我们完成丛书编纂组织和联络工作的同事表示谢意，也对社会科学文献出版社的编辑同人表示感谢。

李贵才　刘世定

2023 年 7 月

序

《城市、镇控制性详细规划编制审批办法》第三条规定“控制性详细规划是城乡规划主管部门作出规划行政许可、实施规划管理的依据”。其主要通过对用地功能、环境容量、市政工程和公共服务配套，以及黄、绿、蓝、紫“四线”等要素提出控制要求，实现对城市土地定性、定量、定位和定界的控制与引导。控制性详细规划位于承上启下的过渡性层次，是将城市总体规划的宏观战略转化为开发地块微观控制的关键一环。

本书基于协调博弈的分析视角，对控制性详细规划编制的过程进行了分析。在哲学的视野中，博弈是一种主体间活动、一种社会交往形式、一种人类存在和发展的方式。博弈中的冲突与合作，以及博弈形式和内容的演变，推动了社会机制的形成和变革。博弈论为分析这种以冲突与合作为特征的社会交往形式提供了工具。本书将其用于分析控制性详细规划的编制过程，实现了将规划控制作用在相关主体间利益分配和协调过程中的体现具象化、可视化、数据化，也体现了“规划只对使用它的人有意义”的理念，具有一定的实践意义和学术参考价值。

同时，本书选取深圳市有关实践作为实际分析案例，揭示了深圳市控制性详细规划（法定图则）编制过程中所涉及的利益主体的主要诉求和行为动机。深圳是中国改革开放以来工业化和城市化的领跑者。改革开放 40 多年来，国内城市规划管理和土地利用管理的改革大多是在深圳首先进行的。本书对深圳有关案例的研究，可被视作对国内规划行业前沿领域的一次探索。

本书作者具有城乡规划学与地理学多学科的学习经历，在研究中能够立足传统城市规划，运用地理学和社会学的有关分析框架，对深圳市控制性详细规划（法定图则）编制的博弈过程进行解构，提供了规划研究探索的多元视野。本书研究开展于 2012 ~ 2013 年，目前有些行政机构已发生变化，城市规划也统一到国土空间规划的框架中，但作者在传统规划研究过程中引入了博弈论分析工具，有助于厘清现行法定规划工作机制中存在的薄弱环节，有创新性。发展难题的探索永无止境，希望作者未来在此领域继续深耕下去。

于道各努力，千里自同风。

李贵才

2023 年 9 月

目 录

第 1 章

引言

1.1 研究背景

我国的控制性详细规划是以确定建设地区的土地使用性质、使用强度等控制指标、道路和工程管线控制性位置以及空间环境控制为编制目标的规划，其通过对城市土地具体的定性、定量、定位和定界安排，对城市规划的建设用地性质、使用强度和空间环境进行控制和引导。我国的控制性详细规划起源于改革开放以后的 20 世纪 80 年代，那时经济体制正由计划经济向社会主义市场经济过渡，在土地政策方面，国家也正好开始推行土地有偿使用。这一时期，我国城市规划建设呈现投资主体多元化、土地转让有偿化、建设方式多元并行等新的态势；同时，用地管理手段从单纯的行政手段转向行政、经济、法律手段并用。在此背景下，以总体规划、分区规划、修建性详细规划为框架的旧城市规划体系已经难以满足经济结构调整带来的新需要。正是在我国城市规划实际需要的基础上，规划从业人员借鉴了“区划法”的原理，以弥补当时我国城市规划体系中总体规划与修建性详细规划之间的空缺为目的，[①] 探索并创建了新的直接面向实施层面的规划层次——控制性详细规划，希望以此来调控社会主义市场经济体制下的城市土地开发。

从我国现行的规划体系来看，控制性详细规划具有承上启下的过渡性功能，它要衔接城市总体规划，将总体规划中城市发展战略的宏观调控转化为对开发地块的微观控制，并作为修建性详细规划编制的依据。在实施层面，控制性详细规划则是直接面向土地开发的控制性规划，其重点在于保障公共产品的合理配置，并减小项目开发对周边地块可能产生的负面影响。自 2008 年《中华人民共和国城乡规划法》（下文简称《城乡规划法》）实施以来，控制性详细规划的法律地位获得了空前提升，成为我国城市规划实施管理中最直接的法律依据。同时，控制性详细规划成为我国国有土地使用权出让、开发和建设管理的法定前置条件，也是地方政府进行土地出让，以及规划行政主管部门进行具体项目规划许可的行政依据。

土地的有偿使用制度令土地具有市场使用价值，土地所有者与使用者的权益将会直接受到控制性详细规划的影响，因此，控制指标的调整实质上成为土地收益人之间发展权益的重新分配。特别是在 2007 年《中华人民共和国物权法》（下文简称《物权法》，该法于 2021 年废止）实施以后，越来越多的学者认同控制性详细规划的另一重身份，即调控城市土地开发、保障公共利益的重要

① 汪坚强：《溯本逐源：控制性详细规划基本问题探讨——转型期控规改革的前提性思考》，《城市规划学刊》2012 年第 6 期。

公共政策。在实际操作中，控制性详细规划也成为不同利益主体之间博弈的结果，[①] 其控制作用更多地体现在利益的分配和协调方面，这种协调应该是在国家权力保障下以公共利益为框架进行的谈判和有限度的协商。

然而，尽管“控制性详细规划是不同利益主体之间博弈的平台”这一认识已经在规划界成为共识，但实际运用博弈的分析方法对控制性详细规划编制过程中所牵扯的利益协调问题进行系统化分析方面的研究仍然比较薄弱。尤其是近些年，随着城市土地的利用从增量开发转向存量优化，旧城区的控制性详细规划在修改和调整过程中所牵扯的利益纠纷时有出现。因此，对控制性详细规划编制行为中的博弈过程进行研究，有助于揭示不同利益主体行为的动力机制，进而形成相应的协调机制。

1.2　研究意义

1.2.1　理论意义

近年来，我国的城市规划界不乏对控制性详细规划的研究和热议，但是这些研究大多集中在控制性详细规划的管理体系、技术指标等层面，如对控制性详细规划分层分级模式的研究，[②] 对住宅地块容积率制定方法的探索，[③] 对控制性详细规划经济性分析的

① 崔健、杨保军：《控规：利益的博弈　政策的平衡》，《北京规划建设》2007 年第 5 期。

② 徐会夫、王大博、吕晓明：《新〈城乡规划法〉背景下控制性详细规划编制模式探讨》，《规划师》2011 年第 1 期。

③ 宋小东、庞磊、孙澄宇：《住宅地块容积率估算方法再探》，《城市规划学刊》2010 年第 2 期。

探讨[①]等。这些研究从控制性详细规划编制的技术角度出发，为确定用地控制指标的方法、指标值等方面提供了新的思路和启示，有助于规划业务人员进行控制性详细规划方案编制的具体操作。

然而，除却管理、技术层面的研究，国内学者对我国控制性详细规划编制过程中涉及的利益主体、矛盾冲突与协调博弈等方面的深入分析并不多见。因此，如果借助协调博弈的思想和方法，对控制性详细规划编制过程中不同利益主体的利益关系和博弈行为等展开系统分析，将有助于形成多方主体合作、实现博弈多方整体均衡的协调机制，进而能够为控制性详细规划的编制提供可参考的思路，有助于丰富现有的以博弈视角对城市规划进行研究的理论。

1.2.2 实践意义

分析控制性详细规划编制过程中的博弈行为能为理解和优化现行博弈的协调机制提供依据。

在计划经济时代，我国城市规划严格按照国家计划进行安排和实施，这在当时的经济体制下有一定的积极作用。而在改革开放以后，随着社会主义市场经济的发展和国家政策方向的调整，市场调节机制在城市土地利用过程中起到的作用越来越大。但我国仍然处于社会主义市场经济体制的完善和发展阶段，控制性详细规划作为直接面向实施层面的法定规划，被众多学者认为是提高城市土地利用效率、保障公共利益的有效手段。

---

① 郑文含、唐历敏：《控制性详细规划经济分析的一般框架探讨》，《现代城市研究》2012 年第 5 期。

本书的实际研究对象是深圳市法定图则编制。深圳市法定图则是我国控制性详细规划发展进程中的重要探索和创新，因此，研究不仅有助于深圳市厘清法定图则编制过程中的博弈行为及协调机制，也能为我国其他地区的控制性详细规划编制行为提供启示。

1.3 研究内容

1.3.1 概念界定

1.3.1.1 控制性详细规划编制

控制性详细规划编制是确定建设地区的土地使用性质、容积率、建筑高度、建筑密度、绿地率等土地使用强度指标，以及基础设施、公共服务设施、工程管线等地块控制内容的过程。一般由政府及其规划主管部门组织委托具备相应资质的规划编制单位进行，并形成包括文本、图则、说明书及其他必要技术资料在内的规划成果。

控制性详细规划编制过程中的博弈行为往往在城市旧区体现得较为突出。对城市新区来说，其土地大多由非建设用地转换而来，在土地权属和利益纠纷方面较旧区表现得并不明显。这种利益博弈在城市旧区更新中最具有代表性。因此，研究所关注的控制性详细规划编制主要包括控制性详细规划的新编、修编、调整和修改等对控制性详细规划的内容进行确定和改动的行为。

1.3.1.2 协调博弈

协调博弈在博弈论中属于一种比较特殊的博弈。有学者认为协调博弈是一种博弈结果中存在多个可以进行帕累托排序的纳什均衡的博弈类型，[①] 也有学者认为协调博弈是一种参与人对不同策略组合有相同偏好的博弈。[②]

协调博弈强调的是参与人之间的合作行为，其目的是达成参与人之间的相互协调、相互配合，并最终在一定程度上实现参与人的目标和利益。从广义上说，博弈行为的均衡就是参与人之间策略选择的协调结果。具体在本书中，博弈的目的是自身目标的实现，而协调的目的是合作的达成，因此协调博弈是一种能够促成博弈参与人在策略选择上的目的一致性的博弈机制，目的在于促成参与人实现合作。

1.3.2 研究对象

本书的关注点是我国控制性详细规划编制过程中的博弈行为，具体以深圳市法定图则编制为实际案例，重点关注控制性详细规划编制过程涉及的利益主体、诉求矛盾以及博弈过程和结果等。

1.3.3 研究目标

本书对控制性详细规划编制行为和博弈理论进行梳理，试图将其运用于深圳市法定图则编制过程中的博弈，以探索协调博弈的理论和方法对控制性详细规划编制行为的优化机制。

---

① H. Carlsson and M. Ganslandt, "Communication, Complexity and Coordination in Games," in Arnold Zellner, Hugo A. Keuzenkamp, and Michael McAleer (eds.), *Simplicity, Inference and Modelling Keeping it Sophisticatedly Simple*, Cambridge University Press (2002); P. G. Straub, "Risk Dominance and Coordination Failures in Static Games," *Quarterly Review of Economics & Finance* 35 (1995): 339 – 363.

② P. V. Crawford and H. Haller, "Learning How to Cooperate: Optimal Play in Repeated Coordination Games," *Econometrica* 58 (1990): 571 – 595.

为了实现这一目标，本书从以下几个方面着手。首先，基于博弈理论对我国控制性详细规划编制过程中的博弈要素进行梳理和总结；其次，运用协调博弈的方法分析深圳市的典型案例，以梳理在控制性详细规划编制过程中出现的博弈行为及其相关要素，并分析对比深圳市法定图则与美国的“区划法”及中国香港特别行政区法定图则的差异；最后，在此基础上探讨我国控制性详细规划编制过程中利益平衡策略的优化。

1.4 研究方法

1.4.1 文献研究

文献研究是一种传统且具有活力的科学研究方法，收集、鉴别、整理文献，有助于对问题进行定位和分析。本书首先对既往控制性详细规划、协调博弈等研究的相关文献进行了梳理和总结，以求清晰了解控制性详细规划编制过程及其演变，并对协调博弈的分析方法有基本的了解和把握，为总结分析深圳市法定图则编制中的博弈要素和动力机制奠定基础。

1.4.2 比较分析

本书通过对美国、中国香港和深圳市控制性详细规划在编制层面的程序运行和行为模式进行比较，汲取相关经验，提炼出可供参考的协调策略。

1.4.3 访谈分析

本书依托行政管理部门和社区开展了对深圳市法定图则编制

中博弈行为的访谈调研工作。研究采用开放式访谈和半开放式访谈相结合的方法，以半开放式访谈为主。访谈对象包括政府工作人员、社区居民和规划编制人员等。一方面是为了真切了解各方主体在控制性详细规划编制过程中的相关诉求和处理结果；另一方面是为了探索各方主体在利益博弈过程中的行为模式和处理方法。

1.5 研究思路

1.5.1 研究思路

基于以上研究内容和方法，本书第 2 章采用文献研究的方法，阐述我国控制性详细规划编制的研究进展和国内外具有代表性的实践行为，以此作为研究的基础。第 3 章基于协调博弈的思路提出控制性详细规划编制过程中的博弈分析框架，总结出博弈过程中各方主体的一般意愿和行为。第 4 章采用实证分析的方法，对深圳市法定图则的基本情况进行介绍，并运用协调博弈的分析方法对深圳市法定图则编制过程中的博弈要素进行分析。第 5 章对研究过程和结果进行总结，提出在控制性详细规划编制过程中的利益协调机制和优化策略，并反思不足，提出对未来研究的展望。

1.5.2　技术路线

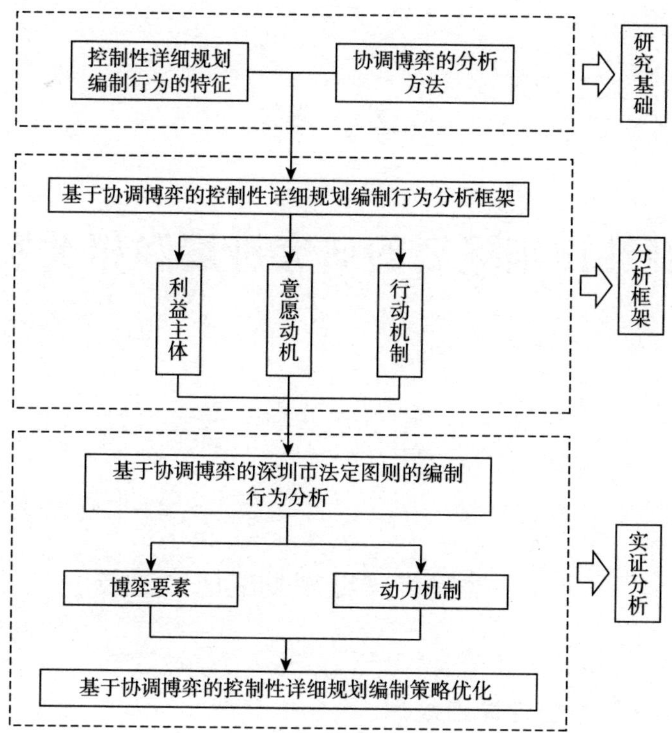

图 1－1　技术路线

第2章

控制性详细规划的研究进展和相关实践

2.1 控制性详细规划的研究进展

2.1.1 控制性详细规划

在计划经济时代，我国城市规划严格按照国家计划进行安排，改革开放以来，随着社会主义市场经济发展的不断深入和国家政策的放宽，城市经济结构开始发生变化，市场调节在城市土地利用过程中起到的作用越来越大，催生了我国的控制性详细规划。[①] 控制性详细规划这一名称的正式提出是在1986年清华大学编制的桂林中心区详细规划中。1989年，江苏省城乡规划设计研究院结合“苏州市古城街坊控制性详细规划研究”课题编写了《控制性

① 周建军：《我国控制性详细规划理论与实践的回顾与反思》，《规划师》1996年第3期。

详细规划编制办法（建议稿）》。1991 年，中华人民共和建设部颁布的第 14 号部长令《城市规划编制办法》明确了控制性详细规划的编制内容和要求。2008 年实施的《城乡规划法》从法律层面赋予了控制性详细规划法定地位。

进入新时期，在城镇化快速发展的背景下，我国各地对控制性详细规划进行了积极和大胆的探索创新，并获得了丰富的实践经验。北京、上海、武汉、厦门、天津、成都等城市在编制控制性详细规划的过程中采用分层编制的方式，从地块的大小到编制内容的深度等方面各有区别。如上海、天津采用了单元规划和地块控制性详细规划并行的方式，北京、厦门则在街区控制性详细规划的基础上编制社区控制性详细规划，成都在图则编制方面区分为大纲图则和详细图则等。南京、广州、深圳等城市在控制性详细规划编制的内容上进行分类，南京将控制性详细规划编制的文件分为总则、执行细则、附件等，广州则需要编制法定文件、管理文件和技术文件等。在管理通则方面，各个城市也有自己的尝试。成都的《成都市规划管理技术规定》对诸多建设指标进行了详细规定，并根据城市建设需要每年调整一次。深圳编制了《深圳市规划标准与准则》作为控制性详细规划编制的依据，在规划未覆盖地区也可作为控制性详细规划实施管理的参考。武汉在开发强度控制方面制定了《武汉市主城区用地建设强度管理规定》《武汉市规划用地兼容性管理规定》等，作为控制性详细规划编制及用地建设管理的通则性指导文件。

从中国知网全文数据库对“控制性详细规划”进行主题检索，结果显示，国内对控制性详细规划的研究与讨论始于 1989 年，主要有赵大壮发表于《城市规划》第 3 期的《桂林中心区控制性详规得失》和鲍世行发表于《城市规划》第 6 期的《规划要发展 管理要强化——谈控制性详细规划》等，可以将此时期看作我国控制性详细规划研究的起步阶段。或许是受刚起步、实践较少等客观因素的影响，有关控制性详细规划研究的文章数量增长十分缓慢，直到2002年，有关文章的数量还没有超过100篇。然而，从2003年开始，有关控制性详细规划研究的文章数量逐渐增加，尤其是2004年以后数量激增，2011年前后达到峰值，在此之后基本保持稳定状态。

根据检索到的有关控制性详细规划研究的文章数量，我国对于控制性详细规划的研究是随一系列相关政策的提出而开始发生变化的。例如，2002年《城市规划强制性内容暂行规定》、2007年《物权法》、2008年《城乡规划法》等相关法律法规的出台推动了次年文献数量的高速增长，可以说我国的政策导向促进了学者对控制性详细规划的研究。对检索到的文章主要内容进行划分，能够看出我国学者对控制性详细规划的研究大致集中在3个层面：基础层面、技术层面、制度层面。

2.1.2 控制性详细规划研究的基础层面

控制性详细规划研究的基础层面主要是指对控制性详细规划本身的研究，即回答控制性详细规划是什么、有何性质、起到何种作用等方面的相关问题。

有学者在综合分析我国控制性详细规划的起源和发展实践的基础上，将我国控制性详细规划与美国的“区划法”进行对比，认为我国控制性详细规划是介于土地管理和建筑管理之间的措施，是在“区划法”的基础上包括基础设施规划、道路交通组织以及城市设计在内的综合规划，具有十分丰富的内涵，理论上具有相当的优势。[①] 也有学者认为，控制性详细规划作为直接面向实施和管理的规划层次，是为了规范单个地块的建设开发行为而做出的具体指标安排。[②] 因此，对控制性详细规划的研究应比其他任何规划更注意实践因素、特定发展条件以及可操作性的影响。还有学者认为，控制性详细规划是我国社会主义市场经济体制下的一种城市开发和运营的规则，是政府对土地进行管理的工具，也是 PPP 等合作开发模式能够实现的重要前提。[③]

近年来，越来越多的学者将控制性详细规划视为政府蓝图、公众利益和个体利益协调平衡的平台。

2.1.3　控制性详细规划研究的技术层面

控制性详细规划研究的技术层面主要讨论控制性详细规划应该如何编制的问题，包括对控制指标的适用性、科学性、计算方法等方面的研究探讨，此类研究占整个控制性详细规划研究的很大一部分。究其原因，控制性详细规划科学性的讨论是一个亘古不变的主题。据统计，有 80% 以上的控制性详细规划在实施过程中遇到了各种各样的问题而不得不面临调整和修改，这也反映出控制性详细规划成果在科学性、严密性方面存在不同程度的问题。为此，赵燕菁把控制性详细规划“戏称”为“为了‘违反’而编制的规划”。[④]

---

① 蔡震：《我国控制性详细规划的发展趋势与方向——关于控规如何更好适应规划管理要求的研究》，硕士学位论文，清华大学，2004。

② 李雪飞、何流、张京祥：《基于〈城乡规划法〉的控制性详细规划改革探讨》，《规划师》2009 年第 8 期。

③ 鲍梓婷、刘雨菡、周剑云：《市场经济下控制性详细规划制度的适应性调整》，《规划师》2015 年第 4 期。

④ 赵燕菁：《面向可操作的城市规划》，第二届中国城市规划学科发展论坛，上海，2005。

王鹏首先对控制性详细规划的指标体系进行了梳理，将指标分为自属指标和指令性指标，并探讨了控制性详细规划的土地细划方法。[①] 于一丁等认为缺乏灵活性是控制性详细规划在实际应用中收效甚微的主要原因，讨论了控制性详细规划指标体系的完善，提出了用地适建分级要求和分区平衡控制方法，并在此基础上引入得地率、集中绿地率、建筑限低等新指标。[②] 容积率作为控制性详细规划编制中的核心用地指标，自然也成为学者一直关注的对象。梁鹤年认为，容积率的计算必须结合城市合理规模、基础设施投资和布局、土地适用性以及土地市场等具体内容，在对中西方实践进行综合比较以后，他认为我国应将容积率作为土地使用密度控制的辅助而非首要指标。[③] 何强为从容积率的内涵入手进行研究，认为经济规模、景观规模和功能规模的综合控制是容积率制约地块建设规模的重要特征，提出了规划容积率和管理容积率的双重控制指标体系。[④] 赵守谅结合定量经济分析方法，以投入产出的计算为基本思路，提出了在既定地价水平下，通过土地的投入产出确定规划容积率的方法。[⑤] 咸宝林运用西方经济学有关原理，讨论了从经济、环境、空间等多角度确定容积率的综合模型。[⑥] 任英以容积率、地价和土地开发利润关系的经济分析为切入点，根据经济学边际收益递减规律提出了令土地价值最大化的容

---

① 王鹏：《控制性详细规划指标体系初探》，《山东建筑大学学报》1991 年第 2 期。

② 于一丁、胡跃平：《控制性详细规划控制方法与指标体系研究》，《城市规划》2006 年第 5 期。

③ 梁鹤年：《合理确定容积率的依据》，《城市规划》1992 年第 2 期。

④ 何强为：《容积率的内涵及其指标体系》，《城市规划》1996 年第 1 期。

⑤ 赵守谅：《容积率的定量经济分析方法研究》，硕士学位论文，华中科技大学，2004。

⑥ 咸宝林：《城市规划中容积率的确定方法研究》，硕士学位论文，西安建筑科技大学，2007。

积率计算方法。[①] 刘军针对控制性详细规划中屡屡出现的容积率超标现象，提出了先采用定量分析容积率的合理取值，再用定性影响因子的量化和权重分析优化取值区间的基于定量优化分析的容积率计算方法。[②]

此外，徐会夫等结合《城乡规划法》，总结了北京、上海、深圳等大城市控制性详细规划探索的经验，提出了对控制性详细规划分层分级模式的改进。[③] 郑文含等认为经济分析应该贯穿控制性详细规划编制的整个过程，并按照编制前、编制中、编制后的阶段划分，探讨了不同阶段控制性详细规划经济分析的内容与方法。[④]

2.1.4　控制性详细规划研究的制度层面

控制性详细规划研究的制度层面是控制性详细规划能够顺利运作的保障，主要包括控制性详细规划的编制、审批、公示等方面的管理程序。

李江云回顾了北京市中心地区控制性详细规划指标调整的程序，分析了指标调整的原因，认为现有程序存在产权认知模糊、公示意见反馈不充分、缺乏上诉调解机制等程序问题。[⑤] 蔡瀛等结合《广东省城市控制性详细规划编制指引》，从指标体系、公众参与、管理制度等方面探讨了完善控制性详细规划编制的方法，他认为不够重视法律程序、缺乏必要的法律保障是控制性详细规划

① 任英：《控制性详细规划中容积率指标确定的探讨》，《科技情报开发与经济》2009年第24期。

② 刘军：《基于定量优化分析的容积率确定方法研究》，中国城市规划年会，贵阳，2015。

③ 徐会夫、王大博、吕晓明：《新〈城乡规划法〉背景下控制性详细规划编制模式探讨》，《规划师》2011年第1期。

④ 郑文含、唐历敏：《控制性详细规划经济分析的一般框架探讨》，《现代城市研究》2012年第5期。

⑤ 李江云：《对北京中心区控规指标调整程序的一些思考》，《城市规划》2003年第12期。

可操作性不强的主要原因。[①] 2008年实施的《城乡规划法》将控制性详细规划提升到了法律层面，赋予了其较强的法律效力。李宪宏、程蓉在上海市闵行区龙柏社区控制性详细规划编制过程中进行了实验，联合规划审批部门、规划组织部门、规划编制单位，增加了控制性详细规划编制过程中与公众沟通的渠道，提高了公众在控制性详细规划编制中的参与程度。[②] 周樟垠、陈怀录通过陇南市徽县工业集中区的实证研究，探索了在控制性详细规划前期研究阶段、编制初期、评审阶段及实施阶段均可用的公众参与的具体操作方法。[③] 汪坚强以整体性控制的思路，分析了控制性详细规划的控制缺失问题，提出了“控规纲要+单元控规”的分级控制性详细规划编制体系。[④] 此外，郑磊对控制性详细规划的程序失范问题进行了研究，认为在控制性详细规划制定和调整中引入正当程序并强化人大和法院对规划权的监督制约是解决控制性详细规划程序失范的制度改良方法。[⑤]

2.1.5 控制性详细规划中的博弈

在我国实行城市土地有偿使用制度以后，土地具有了市场使用价值，土地所有者与使用者作为土地的直接权益人，其发展权益直接受到控制性详细规划的影响。在这种情况下，对控制性详

① 蔡瀛等：《控制性详细规划编制的探索与创新——〈广东省城市控制性详细规划编制指引〉解析》，《城市规划》2007年第3期。

② 李宪宏、程蓉：《控制性详细规划制定过程中的公众参与——以闵行区龙柏社区为例》，《上海城市规划》2006年第1期。

③ 周樟垠、陈怀录：《面向公众参与的控制性详细规划研究——以陇南市徽县工业集中区为例》，《现代城市研究》2013年第6期。

④ 汪坚强：《迈向有效的整体性控制——转型期控制性详细规划制度改革探索》，《城市规划》2009年第10期。

⑤ 郑磊：《控制性详细规划中的程序失范与制度改良》，《昆明理工大学学报》（社会科学版）2013年第6期。

细规划指标的调整实质上就是直接对土地权益人之间的发展权益进行重新配置。[①] 实际上，控制性详细规划拥有调控城市土地开发、保障公共利益的重要功能，其本质属性是一种城市公共政策。特别是2007年《物权法》实施以来，不同利益主体与社会公众对产权的维护意识更强，控制性详细规划在实际操作中成为不同利益主体之间博弈的结果，是相关利益主体的协调平台，其控制作用更多体现在利益的分配和协调方面，[②] 这种协调应该是在国家权力保障下以公共利益为框架而进行的谈判和有限度的协商。

在中国知网文献数据库输入关键词“控制性详细规划”并含“博弈”进行主题检索后，共计搜索到29篇文章，其中较早的是2004年重庆大学严薇的博士学位论文《市场经济下城市规划管理运行机制的研究》和2005年清华大学夏林茂的博士学位论文《北京市“控规调整”中的技术与政治性因素分析》。在此之后，对控制性详细规划中的博弈行为进行了比较系统的研究的有2013年衣霄翔在《城市规划》第7期发表的《“控规调整”何去何从？——基于博弈分析的制度建设探讨》，他从新制度经济学及产权理论的视角对利益相关者的诉求进行了博弈分析；还有2014年汪坚强在《城市发展研究》第10期发表的《控制性详细规划运作中利益主体的博弈分析——兼论转型期控规制度建设的方向》，他基于公共政策学的视野和利益分析的方法，对控制性详细规划运作中不同利益主体之间的利益关系和利益博弈展开了系统研究。

---

① 田莉：《我国控制性详细规划的困惑与出路——一个新制度经济学的产权分析视角》，《城市规划》2007年第1期。

② 崔健、杨保军：《控规：利益的博弈　政策的平衡》，《北京规划建设》2007年第5期。

2.2 控制性详细规划的相关实践

20 世纪 70 年代末 80 年代初，我国城市开发建设面临发展速度较快、土地使用有偿化、房地产开发多元化的形式转变，[①] 传统的计划式开发已经不能适应城市快速发展的需要。20 世纪 80 年代，美国建筑师协会提出“区划法”的理念。在借鉴了“区划法”思想的基础上，由于市场经济的需求，我国控制性详细规划产生。

因此，本书在对实践案例的选择方面主要考虑了对我国控制性详细规划影响较大的美国“区划法”，以及香港特别行政区法定图则和走在我国控制性详细规划实践前沿的深圳市法定图则。

2.2.1 美国“区划法”

一般认为，德国在 19 世纪 80 年代至 90 年代制定了“区划法”，但“区划法”得以迅速发展是在 1916 年美国出台第一部区划法规之后。[②]

20 世纪初是美国城市规划实施的启动阶段，那时美国的城市规划还没有可依循的具体法律框架。1909 年和 1915 年，美国联邦最高法院分别裁定了 Welch 诉 Swasey 和 Hadacheck 诉 Sebastian 两起诉讼案，从维护社会公共利益和政府行使行政权力的角度出发，分别确认了地方政府有权限制建筑物高度，以及政府为了保障社区的利益可以限定未来土地用途而无须做出补偿的权力，这两宗案件可以说是美国城市规划史上重要的里程碑。在此基础上，1916 年

① 吕勇：《控制性详细规划编制方法研究》，硕士学位论文，清华大学，1996。

② 蔡震：《我国控制性详细规划的发展趋势与方向——关于控规如何更好适应规划管理要求的研究》，硕士学位论文，清华大学，2004。

纽约市通过了美国第一部提出对城市土地进行分区治理的“区划法”（Zoning Regulation），主要内容是对城市土地使用性质的初步分类，以及控制建筑物高度与道路缩进。纽约市首次以法律的形式将私有土地纳入了城市规划控制的范围。在此之后，“区划法”在美国城市中得到了广泛推行，截止到1930年，已经有1000多个城市引入了“区划法”。

2.2.1.1　“区划法”的内容

一般来讲，“区划法”的成果由两部分组成，即文本（Zoning Text）和图则（Zoning Map）。其中，文本的作用是对规划进行界定，图则的作用是确定地块边界及运用条例，在图则上通常要体现3个方面的内容：土地的使用性质、土地容量和环境容量。其核心是按照土地的使用性质将城市土地划分成块。

2.2.1.2　纽约市“区划法”的执行

纽约市楼宇局对纽约市“区划法”决议拥有解读和执行的责任，为确保纽约市5个行政区内的100多万处建筑和地块的安全、合法使用，纽约市楼宇局具有以下职责。

第一，审查建设计划，检查建筑许可证，以确定是否符合“区划法”和相关建筑规范。

第二，审查申请并授予房屋使用证，允许在土地上进行合法的新建或改建行为。

第三，解释“区划法”的规范，提交纽约市标准和申诉委员会，并发放管理程序指南。

第四，要求纠正任何违反“区划法”的行为，并对情节严重者进行控告。

第五，将所有建筑许可证、房屋使用证、审查报告、违规行为等相关信息文件录入公共数据库。

纽约市的发展在很大程度上是以权利为基础进行的，只要纽约市楼宇局认为组织和个人所提出的建设要求符合“区划法”决议的相关规定及建筑规范，就可以发放建筑许可证开始建设，不再需要其他任何程序。

在部分情况下，纽约市楼宇局也会将管理和制定的职责委派给相关专业机构。比如，纽约市环境保护局负责工业气体排放标准的执行，纽约市房屋保护和发展局负责保障性住房的供给等。

2.2.1.3 纽约市“区划法”的调整

为了更好地适应和引导城市的快速发展，“区划法”必须具有灵活性，必须按照现实的需求不断进行调整和修改。值得注意的是，任何组织和个人都可以对“区划法”提出调整要求。

“区划法”文本和图则的调整是一项涉及全市范围的立法行为。从公共的利益出发，“区划法”可能会对那些在地区内当前不被允许但从长远来看有着政策优势或可能惠及全市公共土地政策变化的发展行为授予许可。其中，文本的调整主要包括在原有文本基础上的新增或调整，图则的调整则需要在整个片区的图则上进行，因为调整可能会对一个地段、街区，甚至是整个社区产生影响。一般来说，图则的调整必然影响该地区内的所有地产价值。

纽约市城市章程规定，调整后的图则只有在经过城市规划委员会和市议会的正式公开评审之后方可生效，这一公开审查过程被称为土地统一审查程序，在此期间，公众可以对该地区或整个城市范围内任意土地的使用情况给出评价意见。文本的调整流程与图则类似，也必须经过城市规划委员会和市议会的正式公开评审，但对城市规划委员会的评审时间没有提出要求。同时，图则和文本的调整都必须按照州环境质量法案和城市环境质量评估标准进行环境影响评估。

总的来说，“区划法”的制定和调整程序并不复杂，但十分严密。一般首先由规划专家提出方案，纽约市楼宇局内部通过以后交付市议会立案讨论。在此期间，市议会须召开听证会进行公示，任何市民都可以参加听证会并发表意见，在听证会后议会另行确定表决时间，表决通过后交由市长签字生效。在整个过程中，“区划法”的调整及规划会及时公布给市民。

2.2.1.4　我国控制性详细规划与美国“区划法”的差异

由于我国和美国在土地制度、政治制度、政府地位及权力作用方式等方面存在差异，我国控制性详细规划在诞生之初只是在形式上借鉴了“区划法”。[①] 经过近 30 年的探索和尝试，国内对“区划法”本身及其与我国控制性详细规划的差异的认识逐渐深化。

王峰等认为，“区划法”的本质是针对财产权的契约，是在私有财产利益优先的经济体制之下政府用以干预房地产的工具，目的是在已有产权密集地区的各个权利主体间重新建立契约关系、固化产权，以协调临近地产的相互影响。高新军认为，“区划法”所规范的主要是土地的使用权，并没有涉及土地的所有权，其核心是促进土地资源的合理开发利用。[②] 他以美国没有实行“区划法”的大城市休斯敦为例，认为针对私人土地财产的合法契约及相关法律文件限制了土地的使用行为，实际上“区划法”已经起到了对土地使用行为的约束作用。石楠在综合分析“区划法”多种定义的基础上，认为其本质是城市政府为了控制城市土地开发

---

① 王峰、黄博燕：《中国控规和美国控规（Zoning）的区别》，载中国城市规划学会主编《城市时代，协同规划——2013 中国城市规划年会论文集》，青岛出版社，2013。

② 高新军：《美国“分区制”土地管理的由来及变化》，《中国经济时报》2011 年 1 月 12 日。

而制定的一种地方性法规。[①] 同时，因为“区划法”通过规定土地的使用模式决定了城市政府的税收，所以它也是一种实行社会财富再分配的手段。在波斯纳教授眼中，“区划法”是一种解决冲突性土地使用问题的公共措施。[②] 他将“区划法”划分为隔离使用分区制（Separation-of-uses Zoning）和排斥性分区制（Exclusionary Zoning）两种类型，并质疑其有效性，认为“区划法”可能影响土地的实际使用、造成公路和停车场的拥挤、增加学校等市政设施的负担。罗思东对排斥性分区制的社会影响进行了分析，认为“区划法”带有明显的社会排斥倾向和政府规制色彩，对美国大都市区的居住隔离起到了关键而直接的作用，是美国社会打破对黑人的经济与社会隔离、实现城郊协调发展的一种制度性障碍。[③] “区划法”涉及产权的协商，在自由市场经济体制下能得到更加有效的保障。

我国控制性详细规划在起步阶段多针对城市新区，赋予新区土地使用性质、建设指标、公共设施等内容要求，目的是有利于土地的出让。杨保军认为，我国控制性详细规划要区分新区和旧区，旧区控制性详细规划与“区划法”类似，会涉及产权的确认和界定，但新区控制性详细规划与“区划法”完全不同，是地方政府对土地发展的规划和期望。[④]

2.2.2 香港特别行政区法定图则制度

香港特别行政区的城市规划是由全港发展策略、次区域发展

---

① 石楠：《Zoning 区划控制性详规》，《城市规划》1992 年第 2 期。

② 〔美〕理查德 · 波斯纳：《法律的经济分析》，蒋兆康译，法律出版社，2012。

③ 罗思东：《美国城市分区规划的社会排斥》，《城市问题》2007 年第 8 期。

④ 崔健、杨保军：《控规：利益的博弈　政策的平衡》，《北京规划建设》2007 年第 5 期。

策略、地区图则三层架构组成的规划体系。法定图则在等级上属于地区图则，由城市规划委员会根据《城市规划条例》的相关要求制定，主要包括分区计划大纲图和发展审批地区图。

其中，分区计划大纲图主要用于表示个别规划区内拟议土地的用途和主要道路系统，其所涵盖的土地会划作住宅/商业/工业/游憩用地、政府/团体/社区用地、绿化地带、保护区、综合发展区、乡村式发展地区、露天存货或其他指定地区，并需要附带一份注释，以注明在某一分区内一般准许的用途（第一栏用途）和要取得城市规划委员会许可的用途（第二栏用途），如图2－1所示。

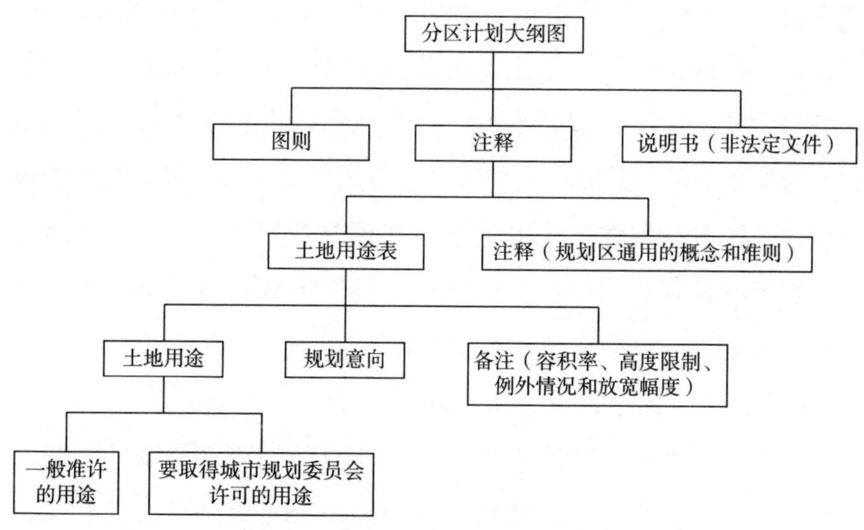

图2－1　分区计划大纲图的内容

资料来源：根据香港《城市规划条例》相关要求绘制。

发展审批地区图主要为非市区制定，图则内容涉及土地用途分区，并需要附带一份注释，列明一般准许的用途及要取得城市规划委员会许可的用途。任何未取得规划许可的发展均属违规，会受到香港特区政府的管制。发展审批地区图只是中期的图则，从首次公布日期起有效期3年，其间会被分区计划大纲图取代。不过，在分区计划大纲图取代发展审批地区图后，香港特区政府在这些地区的法律规定依然有效。

除以上两种以外，还有一种法定图则——土地发展公司或市区重建局发展计划图。此类图则的作用主要是在市区重建的计划中避免修改分区计划大纲图的复杂程序，一般由土地发展公司或市区重建局制定以后提交城市规划委员会审议，最终会替代分区计划大纲图中的相应内容。

2.2.2.1 图则的制定程序

根据《城市规划条例》(2007 年修订)，香港特别行政区法定图则制定程序为：由城市规划委员会按照行政长官指示拟备草图，并做出其认为拟备该等草图所需的查究及安排；草图形成后，城市规划委员会认为适宜公布的，由其展示以供公众于合理时间查阅，为期 2 个月，其间，任何人可就有关草图向城市规划委员会做出申述；城市规划委员会根据申述意见对草图进行修订后，将草图呈交行政长官会同行政会议核准。经城市规划委员会主席核证的核准图复本，须存放于土地注册处，供免费查阅。

2.2.2.2 图则的检讨及实施

因环境的变化，香港特别行政区所有的图则都需要不时进行检讨和调整。其中，分区计划大纲图和发展审批地区图要根据区内环境的变化、基建需求以及新的发展建议而及时做出调整和修正。

在实施方面，法定图则一般通过规划大纲实施。规划大纲作为发展某一用地的规划意向、指引及需求，说明在该用地内适合的、拟做的或可能获准的发展类别，并列明所有已知的限制（如政策、工程、环境和通道等方面的限制），为相关私人发展商或公营发展机构（如房屋委员会、房屋协会和土地发展公司）提供指引。

2.2.2.3　公众参与

自20世纪70年代末开始，香港在亚洲市民社会兴起的大趋势下经过长时间的发展，逐渐成为成熟的市民社会。[①] 在这种社会背景之下，公众在政府的行为过程中愿意积极地表达他们的意愿，对政府的行为形成了有效监督。

《城市规划条例》明确规定了公众参与的实施步骤和内容。当城市规划委员会认为图则草图适宜公布时，要提供为期2个月的公众展示。其间，城市规划委员会要每个星期在2份每日出版的本地中文报章、1份英文报章刊登及在每期宪报上公布草图的可查阅地点与时间。严谨的要求为公众参与创造了十分便利的条件。

法定图则编制的公众参与分布在图则编制的全过程中。从规划研究阶段开始，城市规划委员会反复征求公众意见，并将之融合进图则的编制中。同时，公众参与更多是规划师直接与公众的交流，这样就最大限度地避开了行政力量的干扰，从而保障了公众参与结果的公正性。[②]

以落马洲河套地区发展大纲图的编制为例，[③] 该项目一共组织了3个阶段的公众参与。第一个阶段是2008年6月至7月，由香港特别行政区规划署和顾问公司在商议确定地区土地用途概略分类的基础上，通过公众咨询的方式对地区未来土地用途进行公众意见的征集。第二个阶段是2010年11月至2011年1月为期2个月的对地区初步发展大纲图的公众展示，在香港和深圳两地同步

---

① 李荣芝、杨华照：《市民社会特征下的香港体育研究》，《山东体育学院学报》2010年第12期。

② 蔡泰成：《探讨香港城市规划公众参与制度的保障体系》，载中国城市规划学会主编《规划创新——2010中国城市规划年会论文集》，重庆出版社，2010。

③ 卢柯：《加强重点地区控规编制的前期规划研究——香港落马洲河套地区规划研究案例借鉴》，《上海城市规划》2015年第6期。

进行，共举行公众论坛 1 场、巡回展览 4 场，以及咨询会（简报会）21 场。第三个阶段是 2012 年 5 月至 7 月对地区建议发展大纲图的公众展示，共举行巡回展览 2 场、咨询会（简报会）9 场。第三个阶段公众参与后形成的规划研究成果交由城市规划委员会审议，由香港特别行政区规划署编制法定图则，完成后同样需要经过公众意见征询和城市规划委员会的审定。

2.2.3 深圳市法定图则制度

在 1987 年土地使用制度改革、1989 年住房制度改革之后，深圳市参考美国“区划法”和香港特别行政区法定图则的经验，于 1996 年底决定逐步建立法定图则制度，[①] 并将其定位于控制性详细规划的编制阶段。1998 年《深圳市城市规划条例》《法定图则编制技术规定》《法定图则审批办法》等一系列法律法规的颁布实施，为法定图则的编制和审批提供了法律、程序和技术方面的保障，标志着深圳市法定图则制度正式建立。

《深圳市城市规划条例》第十一条规定：“城市规划编制分为全市总体规划、次区域规划、分区规划、法定图则、详细蓝图五个阶段。”其中，法定图则是承上启下的核心环节，其编制、审批、公示和调整都必须经过一整套严密的法定程序，通过审批后成为公之于众的法定文件。

经过多年的探索和实践，深圳市法定图则制度已经成为国内一项相对完善的整体制度创新，主要体现在制度体系和技术体系两个方面。

---

① 王富海：《从规划体系到规划制度——深圳城市规划历程剖析》，《城市规划》2000 年第 1 期。

在制度体系上，深圳市建立了一套比较完善的法定图则运作制度体系。除《深圳市城市规划条例》以外，在组织机构、操作程序、行政措施等层面，深圳市分别出台了《深圳市城市规划委员会章程》《深圳市法定图则操作规程》《深圳市规划与国土委员会行政手册》，用以直接指导法定图则的编制和实施。

在技术体系上，深圳市主要出台了《深圳市城市规划标准与准则》《深圳市法定图则编制技术规定》《深圳市土地混合使用指引》《深圳市密度分区指引》等相关技术指导文件，为法定图则的编制、管理等提供了完整的技术支持。其中，《深圳市城市规划标准与准则》是国内第一部具有地方特色的综合性规划标准文件。

近年来，随着法定图则编制和实施经验的不断积累，深圳市在各个层面根据现实需要进行了多次创新与探索，如“一张图”系统、城市发展单元、城市更新单元等。

2.2.3.1　深圳市规划“一张图”系统

深圳市规划“一张图”系统的定义是：“以现状信息为基础，以法定图则为核心，系统整合各类规划成果，具备动态更新机制的规划管理工作平台。”它不仅是基于统一地理坐标系的全市规划信息的集合，更是能够及时、准确反映城市建设现状、地籍、审批等动态信息的实时更新机制。[①] 从功能上来说，它不是简单地将各个规划成果重叠在一起，而是通过综合梳理，找出与法定图则的冲突和矛盾，进行整合，解决矛盾，最终使整个规划成果成为协调的统一体。

2.2.3.2　深圳市城市发展单元的尝试

城市发展单元是深圳市在新形势下探索的一种新型土地管理

① 刘全波、刘晓明：《深圳城市规划“一张图”的探索与实践》，《城市规划》2011 年第 6 期。

机制，是一种面向实施，协调发展规划、土地规划、城市规划及各类专项规划的协商式、过程式的新型综合规划。它强调让社会各方参与城市发展规划、决策和实施的全过程，并在此基础上探索建立有效的协商机制，明确各利益主体的权、责、利，从而构建多方协商和利益协调机制，实现规划目标和社会各方发展诉求的有效对接。①

城市发展单元是深圳市在“十二五”期间对法定规划的一次重要补充，根据深圳市规划和国土资源委员会②的设想：在已批法定图则的地区，城市发展单元规划可以直接调整已批法定图则；在正在编制法定图则的地区，城市发展单元规划可直接落实成为法定图则；在未编制法定图则的地区，城市发展单元规划可直接作为该地区规划建设行政许可的法定依据，在编制城市发展单元规划后可不再编制法定图则。

然而，试点工作人员表示，城市发展单元在实际操作中给“一张图”系统带来了新的压力，并徒增了一些重复的规划程序，尽管在实际操作过程中不能很好地满足大多数地区法定图则的编制需求，但它仍然是深圳市法定图则探索过程中的一个重要环节。

2.2.3.3 深圳市城市更新单元的实践

《深圳市总体规划（2010—2020）》提出深圳市未来空间发展模式由增量为主变为存量优化，在建设用地总量不足与城市迅速发展需求的矛盾下，城市更新成为深圳市城市转型的重要途径。因此，深圳市在借鉴台湾“城市更新单元”经验的基础上，于

① 徐丽、刘堃、李贵才：《深圳后法定图则时代的控制性详细规划探索》，《城市发展研究》2013年第5期。

② 2019年，深圳市机构改革组建深圳市规划和自然资源局，不再保留各区深圳市规划和国土资源委员会××分局和各街道国土所。本书行文于2013年，表述为机构改革前的机构设置情况，全书余同，此后不赘述。

2009 年出台了《深圳市城市更新办法》，确定城市更新单元规划为城市更新活动的基本单位[①]。

深圳市城市更新单元在更新实施主体的协调、公共产品的配置、贡献公共设施的补偿等方面具有技术的先进性[②]。《深圳市城市更新单元规划编制技术规定》规定，城市更新单元编制必须包含利益平衡："基于更新单元现状权益状况，套用相关政策，制定更新单元与城市间的利益平衡方案；如果单元内涉及多个实施主体，还应载明各实施主体间的利益平衡方案。"

然而，因为城市更新是土地二次开发，涉及原有房地产权利人的利益重构和土地增值利益的再分配，再加上现状权利人分散、经济效益复杂、历史遗留问题多等情况，实际协商工作的周期长、难度高等问题普遍存在。以深圳市 L 区一小区更新改造项目为例，该项目 2010 年 4 月经市政府批准，作为旧住宅区改造试点被列入深圳市第一批城市更新计划。2013 年 4 月，该项目取得更新单元规划批复。然而，2014 年 L 区反馈仍有业主未签搬迁补偿协议，项目未能实施。

2.2.4　深圳市法定图则与美国和我国香港相关实践的比较分析

同为法定规划层次，深圳市法定图则、美国"区划法"、香港特别行政区法定图则在本质上都是对城市的土地使用进行控制。尽管我国控制性详细规划和深圳市法定图则均在不同程度上借鉴了美国的"区划法"和香港特别行政区的法定图则制度，但从内

① 范丽君：《深圳城市更新单元规划实践探索与思考》，载中国城市规划学会主编《城市时代，协同规划——2013 中国城市规划年会论文集》，青岛出版社，2013。

② 杜雁：《深圳法定图则编制十年历程》，《城市规划学刊》2010 年第 1 期。

容深度、控制强度、管理力度等方面来看，这三者并不是互相照搬和复制，而是存在一定的差异，且从总体上看各有各的特点。

2.2.4.1 作为地方性法规的“区划法”

首先，在美国，土地是高度私有化的，这使得美国的城市规划体系不够完善。因此，以法规形式存在的“区划法”其实更趋近于美国的法律运行系统，它以地方性法规的形式，对城市土地的容积率、建筑高度、建筑覆盖率、建筑后退距离等相关指标进行控制，法律的强制力使得其对土地使用的控制作用较强。

其次，从管理程序上来看，纽约市楼宇局具有解释和执行纽约市“区划法”的责任，并有专门的主管机构、城市规划委员会、调解和上诉委员会以及规划管理部门等分别负责制定、咨询、解释、执行等不同方面的事务。在部分情况下，纽约市楼宇局可将管理和制定的职责委派给相关专业机构。在整个“区划法”的管理过程中，各部门的分工非常明确，制定管理程序较为严密。

2.2.4.2 香港特别行政区法定图则编制全过程、多层面的公众参与

香港特别行政区法定图则在编制过程中的公众参与力度非常大，并且公众参与的机会多、层次丰富、程序周全。从规划研究阶段开始，城市规划委员会就要多次反复征求公众意见并公布研究报告。在草图编制阶段，编制的草图需要在有关部门间传阅并提交行政会议征询意见。在2个月的公众展示期间，收到的意见和申诉要经过城市规划委员会的审议，决定是否修订草图。同时，城市规划委员会的所有会议要向公众开放，使得公众对于规划草案的获取十分便捷，有充分表达意见的机会。

此外，为处理公众对规划进行的上诉案件，香港特别行政区成立了专门的上诉委员会，并规定城市规划委员会成员及其他公

务人员不能作为上诉委员会成员，因此上诉委员会是独立于城市规划委员会和特区政府以外的，能够对上诉案件进行相对公正的裁决。

根据美国规划师阿尔恩斯坦提出的“三层次、八阶段”的市民参与阶梯理论①，香港特别行政区法定图则制度中的公众参与已经属于合作、权力转移和市民控制的高级阶段，市民的知情权得到了保障，并能够全程参与城市规划建设、发表看法，与特区政府共同决策规划内容。

2.2.4.3 深圳市法定图则——社会主义市场经济体制下的探索创新

深圳市法定图则是我国控制性详细规划发展过程中的一次重要探索和创新，是在借鉴了美国及我国香港特别行政区经验的基础上，与我国的政治经济制度结合，逐步建立起来的规划制度。它不仅是对规划编制技术的改进，更是包括规划的编制、审批、执行、咨询、监督、检讨以及修订在内的一套完整的规划体制创新。深圳市法定图则经过多次探索尝试逐渐趋于成熟，且已覆盖全市城市建设用地范围，进入了调整和修编的阶段。

深圳市法定图则在城市规划体系中是一个重要的探索，有助于我国控制性详细规划从技术层面转向制度层面。从提出至今，深圳市法定图则经过了“一张图”系统、城市发展单元、城市更新单元等几次重要的探索阶段，其中包括将法定图则覆盖全市城市建设用地的“法定图则大会战”，积累了很多具有指导意义的实践经验。尽管深圳市法定图则在内地是十分前卫的探索，但它仍

① S. R. Arnstein, “A Ladder of Citizen Participation,” *Journal of the American Institute of Planners* 35 (1969): 216 - 224.

然没能摆脱我国控制性详细规划管理制度和规划体系的要求。相比于美国的“区划法”或香港特别行政区的法定图则，深圳市法定图则具有很多自身的特点。

从规划内容上来看，“区划法”、香港特别行政区法定图则与深圳市法定图则在技术文件的定位上有很大的差异。香港特别行政区法定图则的内容十分简明，土地的控制指标主要体现在文本中，在图则上仅体现了地块的位置，这种“图文分离”的方法给规划管理带来了很多便利，可以直接将其作为规划和法律管理的依据。深圳市法定图则技术文件的内容则更加系统和全面，具有“细而全”的特点，但这种覆盖面广、内容繁多的做法难以直接成为规划管理的依据，也容易对公众形成技术壁垒，令法定图则陷入“编制完成就是修订开始”的怪圈。[①] 此外，相比于“区划法”的土地使用性质划分，深圳市法定图则“细而全”的编制思路减弱了城市土地开发的弹性。

2.3 小结

改革开放以来，随着我国社会主义市场经济体制的不断完善，控制性详细规划在新的时代背景下不断发展和更新。自 2007 年《物权法》实施以来，因为涉及对开发地块土地的确权，直接面向开发管理的控制性详细规划与相关利益主体之间的关系愈加紧密，甚至可以说对各主体的自身利益具有决定性作用。在此基础之上，各方利益主体出于不同的目的在控制性详细规划的编制、运作阶段相互博弈，使得控制性详细规划在实际操作中成为各方利益分

① 孙峰：《基于提高规划管理效能的法定图则编制初探》，《规划师》2009 年第 5 期。

配和协调的平台。

综合国内外研究进展和实践情况，随着我国内地城市的控制性详细规划从新区新编逐渐走向旧区调整，其所面临的利益协调问题凸显。在这种情况下，有必要借鉴国外及香港特别行政区的实践经验，并引入博弈的分析方法对控制性详细规划编制过程中的博弈行为进行研究分析，总结归纳出基于博弈思想的、能够在控制性详细规划编制过程中有效实施的平衡各方利益的协调措施。然而，运用博弈的分析方法对控制性详细规划编制过程中遇到的利益协调问题进行系统、完整分析的研究基础仍然薄弱。

就法定规划而言，国外及香港特别行政区相关实践的起步较早，已经趋于成熟，其经验值得借鉴。深圳市法定图则制度是一次重要探索，在内地城市中比较先进，但仍有需要改进和完善的地方。

总而言之，城市是一个复杂的系统，多学科综合发展是城市研究的必由之路。[①] 因此，本书试图在已有对控制性详细规划研究的基础上，运用协调博弈的思想和分析方法，对控制性详细规划编制过程中的博弈行为进行分析讨论。

① 吴良镛：《多学科综合发展——城市研究的必由之路》，《北京城市学院学报》2007 年第 5 期。

第 3 章

控制性详细规划的博弈分析

3.1 博弈论的相关概念

3.1.1 博弈论的发展

博弈论（Game Theory）研究的是博弈参与人在特定条件和规则的制约下，从各自允许采取的行为或策略中进行选择，并从中获得收益的过程。通过分析博弈各方在行为发生相互作用时会采取何种策略的行为特征，找出其行为规律。用诺贝尔经济学奖获得者奥曼教授的话来说，博弈论其实就是研究互动决策的理论。

国内研究博弈论的很多学者将《孙子兵法》视为最早的博弈论思想及专著，并将“齐威王与田忌赛马”视为清楚、全面、多视角阐述博弈基本原理、过程及结果的典型案例。实际上，博弈论应用于经济领域并奠定其作为一门学科的理论基础，是在1944年美国数学家诺依曼和经济学家摩根斯特恩合著的《博弈论与经济行为》（*Theory of Games and Economic Behavior*）中。

20 世纪 50 年代，博弈论得到了快速发展。其中，纳什在 1950 年发表了《N 人博弈中的均衡点》（Equilibrium Solution of N-person Game）、1951 年完成了博士论文《非合作博弈》（Non-cooperative Game），提出了博弈论中最重要的一个概念——纳什均衡（Nash Equilibrium），指出在博弈中存在能让所有参与人都不愿意改变自己行动的策略集合，从而开辟了非合作博弈的研究领域。用通俗的话来讲，纳什均衡是指在对方不改变策略的前提下，博弈双方自己现有的策略是最好的。①

20 世纪 60 年代，博弈论逐渐发展壮大。20 世纪 70 年代，几乎所有博弈论的研究领域都实现了重大突破，产生了众多重要成果，并开始对其他学科的研究产生重要影响。20 世纪 80 年代，博弈论的理论框架开始走向成熟，与其他学科的关系逐渐深入。20 世纪 90 年代以来，博弈论两度夺得诺贝尔经济学奖，1994 年获奖者为纳什、海萨尼和泽尔腾，2005 年获奖者为奥曼和谢林，这充分表明了博弈论的地位。

3.1.2　博弈的基本要素

对于博弈的基本要素，不同的学者有不同的看法。张建英认为，博弈最少由三个要素构成，即参与人、策略、结果，策略指每一个参与人所做出的选择，结果是每一个参与人在选择特定策略后的得失。他认为所有的博弈问题都包括这三个要素，是博弈的“一般规则”。② 黄韬认为，博弈包含四个要素，即参与人、策

① 谢识予：《纳什均衡论》，上海财经大学出版社，1999。

② 张建英：《博弈论的发展及其在现实中的应用》，《理论探索》2005 年第 2 期。

略、结果与信息。其中，信息是指博弈参与人对博弈过程的认识，即参与人所掌握的影响策略选择的情报，信息的掌握情况对参与人的策略选择起着决定性的作用。[①] 许安拓将博弈的基本要素划分为五个，在参与人、策略、结果的基础上，将参与人划分为决策人、对抗者和局中人。[②] 决策人指在博弈过程中首先选择策略的参与人，由于率先采取行动，决策人只能根据自己的经验、直观感觉进行策略选择。对抗者是在决策人之后采取行动的参与人，因其行动的滞后在博弈中往往处于被动状态。局中人是包括决策人和对抗者在内的在博弈中拥有行动权的参与者，实际上相当于参与人。

总体来说，国内外对博弈论的研究基本上将博弈的要素划分为参与人、策略和结果几个部分。其中，信息是一个重要且特殊的要素，在多人或多次博弈中，每一个参与人所做出的决策，以及每一局博弈的结果都可以视为信息的一部分，甚至在某些特殊的博弈过程里，决策和结果就代表了信息的全部。奥曼认为，关于博弈参与人认知条件的假设对博弈中的许多问题具有重要的影响，要消除其中的矛盾，必须确定相关假设的内涵。

3.1.3 博弈的基本类型

博弈的基本类型可以分为以下几种：合作博弈和非合作博弈，完全信息博弈和不完全信息博弈，静态博弈和动态博弈，等等。合作博弈主要强调团队理性，研究的是参与人在达成合作的时候会如何对通过合作得到的收益进行分配；非合作博弈主要强调个

---

① 黄韬等：《博弈论的发展与创新——1994 年诺贝尔经济学奖获得者成就介绍》，《财经问题研究》1995 年第 5 期。

② 许安拓：《博弈论原理及其发展》，《人民论坛》2012 年第 11 期。

人理性，研究的是参与人在彼此利益相互影响的前提下，会选择哪种策略实现自己收益最大化。完全信息博弈和不完全信息博弈是相对的，如果所有参与人对彼此行为选择的策略集合有充分了解，则称为完全信息博弈，反之则称为不完全信息博弈。静态博弈和动态博弈的概念主要是针对参与人选择策略的时序提出的，如果参与人在选择策略时具有先后顺序，则称为动态博弈，如果所有参与人同时采取行动，则称为静态博弈。

3.1.4　几种常见的博弈

3.1.4.1　非合作博弈

非合作博弈，是指博弈参与人均从自身利益出发选择对自己最有利的策略，即不与其他任何参与人产生结盟行为，[①] 典型案例就是囚徒困境。囚徒困境的理论框架最早在 1950 年由弗勒德和德雷希尔拟定，后由塔克以囚徒的方式阐述，它描述的是这样一种情况：两名犯罪嫌疑人被警方逮捕，但警方没有足够的证据指控两人，于是警方将两人分开审讯，并分别向两人提供了揭发对方或保持沉默的选择。如果两人都选择保持沉默，则两人一起被判 1 年监禁；如果两人都揭发对方，则两人一起被判 8 年监禁。但如果一人保持沉默而另一人揭发对方的话，保持沉默者会被判 10 年监禁，揭发人则会被当场释放（见表 3 – 1）。

表 3 – 1　囚徒困境模型

	揭发	沉默
揭发	（ – 8， – 8）	（0， – 10）

① J. Nash, "Non-cooperative Games," *Annals of Mathematics Studies* 54 (1951): 286 – 295.

续表

	揭发	沉默
沉默	(-10, 0)	(-1, -1)

在这个模型中，显然两人都保持沉默能使集体付出最小的成本。但在这种情况下，其中一人选择改变行动策略会让自己的损失最小，在不关心对方利益的情况下，所有囚徒都会选择揭发对方，这导致博弈的结果始终偏离最优均衡。

为什么囚徒困境会被称为“困境”呢？从全局来看，最终双方各判 8 年的结果可以称作本模型的纳什均衡，虽然并不是“理性”的最优解，但是对每个参与人来说，它的确是在其他参与人不可控时自己的最优选择。

3.1.4.2　协调博弈

在博弈论中，协调博弈属于一种比较特殊的博弈。卡尔森等和斯特劳认为协调博弈是一种在博弈结果中可以存在多个能够进行帕累托排序的纳什均衡的博弈类型；[①] 克劳福德和哈勒认为协调博弈是一种参与人对不同策略组合有相同偏好的博弈。[②] 因此，博弈结果的多个纳什均衡其实是存在唯一解的。对此，国内有学者认为，这两种协调博弈描述的侧重点并不相同，前者强调均衡的多重性，而后者强调参与人在策略选择上的目的一致性。[③] 实际

---

① H. Carlsson and M. Ganslandt, "Communication, Complexity and Coordination in Games," in Arnold Zellner, Hugo A. Keuzenkamp, and Michael McAleer (eds.), *Simplicity, Inference and Modelling Keeping it Sophisticatedly Simple*, Cambridge University Press (2002); P. G. Straub, "Risk Dominance and Coordination Failures in Static Games," *Quarterly Review of Economics & Finance* 35 (1995): 339 - 363.

② P. V. Crawford and H. Haller, "Learning How to Cooperate: Optimal Play in Repeated Coordination Games," *Econometrica* 58 (1990): 571 - 595.

③ 张良桥：《协调博弈与均衡选择》，《求索》2007 年第 5 期。

上，参与人在策略选择上的目的一致性是协调博弈能够达成纳什均衡的核心所在。

学者经常用猎鹿博弈模型来说明协调博弈。猎鹿博弈源自卢梭的著作《论人类不平等的起源和基础》（*A Discourse upon the Origin and Foundation of the Inequality among Mankind*），它讲述了下面这样一种情况。

一个村庄中有两个猎人，当地的猎物主要有两种——鹿和兔子。猎人在打猎的时候可以选择猎鹿或者猎兔，如果猎兔，每个猎人一天最多能打到4只兔子，但猎鹿的话必须两人合作才能成功，而且每天只能打到一头鹿。从填饱肚子的角度来讲，4只兔子能够保证让一个猎人吃上4天，一头鹿却能够让两个人10天不挨饿。在互相不知道对方行为决策的情况下，两个猎人的策略选择就形成了一种博弈关系。首先，两个猎人分别去猎兔子，每人可以得到4份收益，合作去猎鹿每个人则可以得到10份收益。但如果两个猎人的策略选择不一致，一个选择猎兔，另一个选择猎鹿，那么选择猎鹿的人将不会得到任何收益。从表3－2中我们可以清楚地看到猎鹿博弈的具体收益结果。

表3－2　猎鹿博弈模型

	猎兔	猎鹿
猎兔	(4，4)	(4，0)
猎鹿	(0，4)	(10，10)

在这个模型中，如果两个猎人都选择猎兔，那么其中一人改变策略将会降低自己的收益；同样的，如果两个猎人都选择猎鹿，这时有一人改变策略去猎兔也会降低自己的收益（4＜10），所以

两种选择虽然收益差别颇大，但实际上都实现了纳什均衡，因为只要改变策略就会降低自己的收益。

与囚徒困境不同，猎鹿博弈在猎人事先没有沟通的情况下也可能实现最优均衡，囚徒困境则无论如何也难以达到最优均衡。这就意味着猎鹿博弈能够促进合作的产生，但囚徒困境永远不会，因为囚徒个人在策略选择上的目的与集体的目的并不一致。实际上，只要参与人目的冲突的结局不会损害自身利益的实现，合作就可能达成，参与人的行为有可能相互协调、相互配合，最终在一定程度上实现各参与人的目标和利益。

正如孔子所说，“己所不欲，勿施于人”。陷入囚徒困境的双方如果不想自己坐牢 10 年，首先不能让别人坐牢 10 年，就不能选择背叛去揭发对方。如此看来，协调博弈其实是着眼于整体利益的。没有整体的利益，也就没有个人的最终利益。过分强调个人的利益，无视他人的利益，只会颠覆集体的利益，也会更早断送个人的利益。

从广义上说，博弈的均衡就是参与人之间的协调结果。协调博弈中，博弈的目的是自身目标的实现，而协调的目的是合作的促成。实际上，它强调的是参与人之间的合作行为，要想实现共赢的均衡，双方不仅需要在目的上具有一致性，在行动选择上也要具有一致性。

一般来讲，引起协调问题的情形主要有三种。[①]

第一，博弈参与人在特定目标下进行策略选择，并且这种选择会影响最终博弈结果。

第二，博弈参与人的行动顺序会影响博弈结果。

---

① 张良桥：《协调博弈与均衡选择》，《求索》2007 年第 5 期。

第三，博弈参与人的行动时间会影响博弈结果。

博弈中的每个参与人都不是孤立存在的个体，他们处于相互联系、相互影响的策略选择集合当中，每个参与人的行动选择都会影响其他参与人的行动选择。因此，协调的重要功能就是在参与人之间建立起相互依赖的合作关系。尤其是在非零和博弈中，如果不想陷入永久的囚徒困境，参与人之间必须建立起稳固的信任关系，达成统一的目的和行动。

然而在现实生活中，所面对的协调问题更难以化解。首先，每个参与人因为个人认知、利益需求等方面的差异对博弈的目标难以达成共识；其次，参与人采取行动的时间和顺序可能是动态变化的；最后，参与人之间的关系错综复杂，“理性人”往往带有“社会人”的特征，难以确定其可能采取的行动，甚至可能出现两次行动目的相反的情况。

3.1.4.3　合作博弈

猎鹿博弈中还有一个令其难以实现集体利益最大化的“双猎鹿”策略集合的一个重要影响因素，那就是分配问题。如果两个猎人之间存在能力的差异，最后的分配结果不是（10，10），而是按照劳动力的贡献计算，如（15，5）或（17，3）等，这时，无论是强势的一方还是弱势的一方都会考虑自己的所得。如果强势的一方基本上包揽了整个打猎过程，那么他当然是想要独吞或者占有绝大多数鹿肉；但如果分给弱势一方的鹿肉份额少于猎兔所得的 4 份，弱势的一方将会改变自己的策略。

针对这一分配问题，沙普利从公平、公正、合理、有效四项基本原理出发，为 N 人合作博弈中每个参与人的分配所得提出了存在唯一符合分配公理的解，并将此解命名为“沙普利值”（Shapley Value)。[①] 沙普利值是合作博弈中最重要的概念，其遵循的原则简单来说就是“参与人的所得与其付出的贡献相等”。[②]

运用沙普利值的模型主要有“8 个金币”和“财产分配问题”等，现以财产分配问题进行解释。

假设有一个三人参与的财产分配问题，财产的分配需要由三人投票决定，其中，甲拥有 50% 的话语权，乙拥有 40% 的话语权，丙拥有余下 10% 的话语权，并且必须有超过 50% 的投票认可他们的分配方案时，三人才能获得财产，否则三人将一无所获。

首先，任何一人的话语权都不超过 50%，无法单独决定财产分配方案，即没有一人对分配方案具有绝对决定的权力。此外，共同进退的规则也要求三人必须进行合作。沙普利提出了分配方式，如表 3－3 所示。

表 3－3　财产分配的沙普利模型

行动次序	甲乙丙	甲丙乙	乙甲丙	乙丙甲	丙甲乙	丙乙甲
关键参与人	乙	丙	甲	甲	甲	甲

沙普利模型给出了所有可能的参与人行动次序，在各种行动次序中首先能令合作话语权超过 50% 的参与者被称为“关键参与人”，其所付出的贡献即参与者的沙普利值。

从模型中可以看出，甲、乙、丙三人的沙普利值分别是 2/3、1/6、1/6，按照沙普利值所得与付出匹配的分配原则，三人所分得的财产分别是 2/3、1/6、1/6。沙普利值就是基于博弈参与人自

① L. S. Shapley and M. Shubik, “A Method for Evaluating the Distribution of Power in a Committee System,” *American Olitical Science Review* 48 (1954): 787－792.

② 潘天群：《博弈生存——社会现象的博弈论解读》，中央编译出版社，2003。

身贡献的分配方式，在合作博弈得到公平、合理的均衡结果方面实现了重大突破。

3.2 控制性详细规划中的博弈分析

3.2.1 博弈的思想在控制性详细规划编制中的应用

在控制性详细规划编制的过程中，存在多方出于自身利益的潜在合作因素而影响其做出决策的主体，这些主体自身的目标有时会与规划设计单位出现分歧，甚至能够影响并决定最终的规划成果，规划设计单位往往不是规划成果的最终决策者。本质上，作为公共资源配置的一种手段，控制性详细规划本身就是一个多方博弈的过程，在很大程度上是对公共政策的制定与实施。[①] 因此，博弈的思想和方法对控制性详细规划的编制具有重要借鉴意义。

从根本上来说，控制性详细规划的编制过程其实是对利益的重新分配，而土地的使用性质、开发强度决定了利益的大小，因此，控制性详细规划被公认为各方主体争夺利益的平台。各方主体在实现自己利益诉求的过程中进行博弈。控制性详细规划的最终成果，在本质上可以看作各方主体为了达成利益分配共识而签订的契约，而保证这纸契约能够执行的“剑”，是由控制性详细规划的法定地位所赋予其的强制执行力。正如霍布斯的社会契约思想——没有强制力保障实施的契约就相当于一纸空文，它没有办法和力量保障契约双方的利益。

① 文超祥、马武定：《博弈论对城市规划决策的若干启示》，《规划师》2008 年第 10 期。

在这种认知下，控制性详细规划的编制阶段引入协调博弈的思想就很有必要了。因为利益的分配会影响博弈参与人的策略选择，如何促成参与人之间目的和行动一致性，令各方主体最终相互协调、配合，以实现整体最优均衡，是协调博弈能够解决的问题。

要对控制性详细规划中的博弈行为进行分析，首先要厘清在控制性详细规划编制阶段中的博弈要素，主要包括确定博弈过程中的相关利益主体，以及各方利益主体的行为选择及意愿立场，还有博弈的结果及各方利益主体的收益情况。只有在充分了解各方利益主体角色立场的情况下，才能对其行为意愿、策略选择等进行分析，从而了解各方主体的收益预期及实际结果。

3.2.2 控制性详细规划编制过程中的相关利益主体

当前我国社会正处在经济社会转型期，因为公众利益和资源控制方式的改变和分化，利益需求不同的主体随之出现。有学者指出，我国的控制性详细规划是城市规划实施与管理的重要环节，无论是其制定还是执行的过程，都是城市土地开发过程中相关利益主体的协调平台，本身就是一个涉及多方利益主体的博弈过程。[①] 也有学者认为，在现有体制下，各方利益主体的表达缺位是控制性详细规划执行不力的主要问题之一。[②]

一般情况下，根据参与博弈的利益主体角色特征及作用的不同，基本上可以将这些主体划分为四大类别[③]：地方政府、房地产

① 李建华：《论我国地方政府与公共产品供给》，硕士学位论文，吉林大学，2004。

② 李浩、孙旭东、陈燕秋：《社会经济转型期控规指标调整改革探析》，《现代城市研究》2007 年第 9 期。

③ 吴可人、华晨：《城市规划中四类利益主体剖析》，《城市规划》2005 年第 11 期。

开发企业、规划业务人员和社会公众。

3.2.2.1 地方政府

地方政府，主要指地方人民政府、人大、规划主管部门等相关的权力主体。其中，地方政府拥有控制性详细规划的计划权、财政权、审批决策权及实施监督权，所以其在控制性详细规划的整个运作过程中起着主导性作用。

3.2.2.2 房地产开发企业

房地产开发企业，主要指在城市规划和城市建设中从事土地开发活动的城市建设开发单位，其在控制性详细规划实施的过程中起到推动者和执行者的作用。房地产开发企业作为城市建设的投资者和执行者，是控制性详细规划整个运行过程中最活跃的主体，一方面希望能够获得土地的开发权，另一方面希望自己能够在控制性详细规划的编制和执行过程中获得表达自身利益诉求的机会，以实现个体利益的最大化。

3.2.2.3 规划业务人员

规划业务人员，主要指编制控制性详细规划的城市规划设计单位及相关技术专家，主要由规划师或设计师组成。尽管在控制性详细规划编制和执行的过程中，最明显的利益关系是地方政府、房地产开发企业与社会公众之间的相互协调，但身为控制性详细规划编制者的规划业务人员在其中起到了重要的协调、沟通作用，是其他利益主体参与控制性详细规划的主要中介。

3.2.2.4 社会公众

社会公众，主要包括普通民众和编制控制性详细规划的地块所涉及的利益相关者等。公众的意志主要在控制性详细规划的公众参与阶段获得表达，表现为意见征求、成果查询和对违反控制性详细规划的建设进行检举、监督等三个方面的权利。

在我国控制性详细规划的编制阶段，各利益主体都有权分享城市规划所创造的利益。控制性详细规划创造可能改变城市物质或非物质的环境，使得各方主体相互之间的利益分配受到彼此的影响，从而产生了各方主体在行为上的博弈。随着我国社会主义市场经济体制改革的深入，各方利益主体典型的“理性经济人”的特性愈加明显，其以获得经济利益为首要目的，“理性行为”也愈加突出。在控制性详细规划的编制中，表现出来的结果就是各方主体总是选择希望能给自己带来最大利益的行为。

3.2.3 控制性详细规划编制过程中各方主体的意愿和立场

针对城市控制性详细规划编制过程中各方利益主体的博弈行为，有学者进行了理论研究，认为各利益主体的具体立场表现为：地方政府负责总体工作的组织协调，房地产开发企业申请提高各类用地指标，规划业务人员附和甲方的需求，社会公众的权利难以得到保障。

要详细了解控制性详细规划编制中各方利益主体的行为模式，首先要清楚各方利益主体的意愿和立场，而其中的重点就是各方利益主体的角色定位。①

3.2.3.1 地方政府

地方政府在控制性详细规划的编制工作中占据绝对主导地位。在整个控制性详细规划编制的流程里，地方政府的意愿和立场主要体现在“社会公共利益的守护者”这一角色上。具体的行为表现主要有：对城市开发地块内公共设施的配置提出严格要求，监

① 吴可人：《城市规划中四类利益主体剖析及利益协调机制研究》，硕士学位论文，浙江大学，2006。

督和制止房地产开发企业为了经济利益而侵吞公共设施开发空间的行为等。

3.2.3.2　房地产开发企业

房地产开发企业在控制性详细规划编制过程中表现为典型的“理性经济人”。其在控制性详细规划编制过程中的意愿非常简单明确，那就是追求土地开发利润的最大化。一般情况下，房地产开发企业会在控制性详细规划编制阶段向地方政府及规划业务人员争取最大的土地开发强度，同时尽可能地减少开发土地内对幼儿园、停车场、绿地等各项公共配套设施及环境景观的提供。

3.2.3.3　规划业务人员

规划业务人员的角色比较多元，他们同时具有社会公众、知识分子和专业人员三种社会身份，[①] 其在控制性详细规划编制过程中的意愿和立场往往较为多样。

3.2.3.4　社会公众

从城市社会的整体角度来说，社会公众在控制性详细规划编制中的利益诉求是追求公共利益的最大化。但从微观层面的群体角度出发，在控制性详细规划地块内直接受到方案影响的大多数利益相关者只把关注点放在自身的既得利益上，他们考虑的往往是方案究竟给自己带来了什么样的影响，很少有人为了社会整体的利益而放弃自身的利益。从这个层面来看，社会公众宏观和微观层面的利益差异导致其意愿和立场相互冲突，这也导致社会公众在集体行动中面临困境。[②]

---

① 张庭伟：《转型期间中国规划师的三重身份及职业道德问题》，《城市规划》2004 年第 3 期。

② 杨宏山：《公共政策视野下的城市规划及其利益博弈》，《广东行政学院学报》2009 年第 4 期。

如此看来，在各方主要利益主体中，以房地产开发企业的行为动机和模式最为直接，“理性经济人”的属性只要求其在参与控制性详细规划编制的博弈过程中追求自身的经济利益最大化。一些敏感的房地产开发企业往往能够在某个地块即将或刚开展控制性详细规划编制工作的时候获得消息，会在这时开始关注或介入控制性详细规划的编制，试图取得对自己有利的土地使用性质和开发强度指标。

而社会公众的利益实际上分成了普通公众利益和利益相关者的利益两个部分，在追求整体社会公众利益时，整体社会公众的意愿和立场是一致的。但当普通公众利益损害利益相关者的利益时，利益相关者往往会将自身的利益置于普通公众利益之上。尽管有些公众群体（如社区居民委员会、社会资本等）能够在规划单位进行方案编制的过程中发表自己的意见，但整体社会公众的完全参与还是在方案的公示阶段。

规划业务人员在控制性详细规划编制过程中存在多样化的利益需求，往往游走于另外三方之间。

根据我国《控制性详细规划编制办法》的要求，城镇的控制性详细规划由人民政府组织编制、委托相应资质等级的规划编制单位承担具体编制工作，所以地方政府实际上是编制工作的组织者和主导者，对控制性详细规划的编制以及实施具有决策权。

综上所述，在控制性详细规划的编制过程中，地方政府、房地产开发企业、规划业务人员、社会公众正是在各自不同的意愿和立场下，通过调动自己所拥有的资源、对控制性详细规划的方案进行调整和修改等手段，形成了密不可分的利益协调和分配关系。其中，各方的博弈力量和利益结构会对彼此的策略选择产生决定性的作用。

3.2.4 控制性详细规划编制过程中各方利益主体的博弈行为

在控制性详细规划的编制和执行过程中，由于地方政府发挥主导作用，各方主体的意愿表达和实现往往需要通过地方政府。因此，最终的利益分歧集中体现在地方政府和社会公众这两方主体之间。

3.2.4.1 地方政府的博弈行为

在社会主义市场经济体制下，地方政府扮演的角色是公共利益的“守护者”，为了保证社会公众的利益，必然要将如何增进社会公共福利作为其行为选择的首要准则。

3.2.4.2 房地产开发企业的博弈行为

房地产开发企业作为“理性经济人”，自身利益的最大化是其追求的首要目标，有些房地产开发企业会试图影响地方政府的规划决策，或以委托人的身份影响规划业务人员的决策行为，进而使控制性详细规划的编制和修改朝着对自己有利的方向发展。

3.2.4.3 规划业务人员的博弈行为

规划业务人员在此博弈过程中拥有多元身份。作为技术专家和知识分子，其本身就具有为社会公众谋求福祉的专业职责、社会责任和正义感，但规划业务人员也有着普通社会人的职业和生活需求，也会出于自身利益考虑，期待其真正坚守公共利益在某种程度上成为一种苛求。①

规划业务人员本应是社会公众利益的维护者，理应是在社会公众与权力部门之间进行协调博弈的中间人。然而，就制度层面来看，我国对规划业务部门经济机制上的激励和法律制度上的约

① 石楠：《编者絮语》，《城市规划》2006 年第 8 期。

束还不足。同时，进行具体控制性详细规划编制与修改论证的规划业务人员普遍受雇于地方政府或房地产开发企业，在市场经济的规则下实质上受控于二者。正如周干峙院士所言："城市规划工作要解决好两个问题：一是行政干预过多，二是土地开发机制混乱，甚至被房地产开发企业暗地操纵。"①

3.2.4.4 社会公众的博弈行为

社会公众是控制性详细规划编制过程中所涉及的规模最大的主体。在我国控制性详细规划编制流程中，社会公众参与规划方案的编制以及表达自身利益需求是在规划方案敲定以后的公示阶段。同时，我国《城乡规划法》赋予了公众监督控制性详细规划方案、参与控制性详细规划修改论证，以及任何人都可以对违反控制性详细规划的建设行为进行检举等方面的权利，公众想要行使这些权利必须借助地方政府的力量。这种参与上的滞后以及话语权的被动直接导致社会公众在博弈过程中处于弱势地位。

3.3 小结

尽管国内已经有学者运用博弈的方法研究控制性详细规划，并取得了一定的成果，但这并不意味着博弈的思想和方法在控制性详细规划运作中的应用已经趋于成熟或饱和。相反，因为经济条件、社会结构等方面的差异，不同地区的控制性详细规划中所涉及的博弈行为及协调方式也并不完全相同。因此，有必要对控制性详细规划体系较为成熟的地区进行研究和借鉴，进而促进我国控制性详细规划编制的策略优化和完善。

① 周干峙：《城市规划需要解决两大问题》，《中华建设》2010 年第 1 期。

要对控制性详细规划编制中的博弈行为进行系统研究，首先要厘清此博弈的各个相关要素，具体包括博弈的参与人（利益主体）、参与人的行动策略，以及博弈的最终协调结果等。就控制性详细规划编制过程所涉及的博弈要素来说，参与人主要包括地方政府、房地产开发企业、规划业务人员和社会公众。各方主体根据自己的意愿在博弈中自由选择策略，其博弈的过程和结果往往反映在控制性详细规划的成果上。

从角色定位和行动策略上来说，地方政府在控制性详细规划编制过程中所扮演的角色是公共利益的“守护者”，为了保证社会公众的利益，必然要将如何增进社会公共福利作为其行为选择的首要准则；作为“理性经济人”的房地产开发企业则以自身利益的最大化为首要目标和行动基础；社会公众分为普通公众和利益相关者，普通公众在控制性详细规划编制中的利益诉求是追求公共利益的最大化，但群体的多样性往往令其意愿和立场自相矛盾，最终导致社会公众在集体行动中面临困境；规划业务人员则与甲方的行动策略保持一致。

第 4 章

深圳市法定图则的博弈分析

4.1 深圳市法定图则工作程序简介

深圳市法定图则是我国控制性详细规划发展过程中的一次重要探索和创新。根据《深圳市法定图则编制技术规定》（1999 年版）的定义，法定图则是指“在已经批准的全市总体规划、次区域规划及分区规划的指导下，对法定分区内的土地利用性质、开发强度、公共配套设施、道路交通、市政设施及城市设计等方面作出详细控制规定”。法定图则编制的重点是对分区规划所确定的各项指标进行深化和落实，作为城市规划管理和各项开发建设行为的直接依据，并在经过法定程序批准后成为规划地区内的法定文件。

由此可以看出，深圳市法定图则不仅是对规划编制技术的改进，还是包括规划的编制、审批、执行、咨询、监督、检讨以及修订在内的一套完整的规划体制创新。2016 年，深圳市法定图则已经基本完成了对全市建设用地的全覆盖。

4.1.1　深圳市法定图则的编制

深圳市法定图则编制工作的本质是将“技术”变为“法定”的过程。按要求，市规划主管部门应该每年制订法定图则的编制计划，并上报市规划委员会审批。通过后，由市规划主管部门根据全市总体规划、次区域规划和分区规划的要求以及年度法定图则的编制计划，委托具有城市规划设计甲级资质的城市规划设计单位组织进行法定图则的编制工作。

法定图则的编制成果可以分为法定文件和技术文件。其中，法定文件是《深圳市城市规划条例》中明文规定的严格的法定核心内容，主要包括“文本”和“图则”两部分，法定图则编制的技术要求则由市政府另行规定。一般而言，法定文件的具体内容和形式要以便于立法为首要原则。因此，“文本”要参考法律条款的写作方式，力求准确、严谨；“图则”要简洁明了，易于公众理解，从而有利于公众参与。技术文件则相当于传统的控制性详细规划成果，主要包括“规划研究报告”和“规划图纸”，所起的作用是为法定图则提供技术支撑。

《深圳市城市规划条例》规定了法定图则的内容，要求法定图则根据分区规划，对分区内各片区土地的利用性质、开发强度、配套设施等做出进一步的规划控制和明确规定。《深圳市法定图则编制技术规定》对法定图则的法定文件和技术文件的编制内容及深度做出了详细的规定。其中，在文本中必须阐明已划拨用地的土地权属情况，在规划控制指标方面则选取了“用地性质”“用地面积”“容积率”“绿化率”“配套设施”5项地块控制指标作为必不可少的控制内容，其他控制指标则可根据不同地区的具体情况进行增减。此外，在编制法定图则草案的过程中，市规划主管部门需要征询有关部门的意见。

4.1.2　深圳市法定图则的审批

根据《深圳市城市规划条例》的规定，深圳市城市规划委员会是负责审批法定图则的部门，城市规划委员会需要对法定图则承担的重要职责是下达年度法定图则编制任务、审批法定图则并监督实施。为保证法定图则方案的科学性和权威性，负责审批法定图则的深圳市城市规划委员会法定图则委员会的成员来自社会各界。

法定图则的草案在经过城市规划委员会初审同意后，需要进行为期30天的公开展示，并在本市主要新闻媒体上公布展示的时间和地点。在公开展示期间，任何单位和个人都可以书面形式向城市规划委员会提出自己对法定图则草案的意见或建议。在法定图则草案公示期满后，城市规划委员会必须对收集的公众意见进行审议，并在报送审批的材料中附带意见处理情况及理由。经审议决定予以采纳的，可以要求规划主管部门对法定图则草案进行修改，并将审批通过的法定图则予以公布。对公众意见的审议结果，城市规划委员会要书面通知提议人，如有必要，可以通知提议人或其代理人出席。

在法定图则经过市政府批准以后，规划主管部门应当自批准后30天内，在规划主管部门网站、城市规划展厅等予以公布。

4.1.3　深圳市法定图则的实施和修订

《深圳市城市规划条例》规定，市规划主管部门的派出机构要负责辖区内城市规划的实施和管理。这里的“市规划主管部门的派出机构”一般指各区的规划国土分局和国土所等。此外，还要求规划主管部门定期组织有关部门和专家对法定图则的实施情况进行评估，采用听证会、论证会等其他方式征求公众意见，并规定了应当修改法定图则的几种情况。

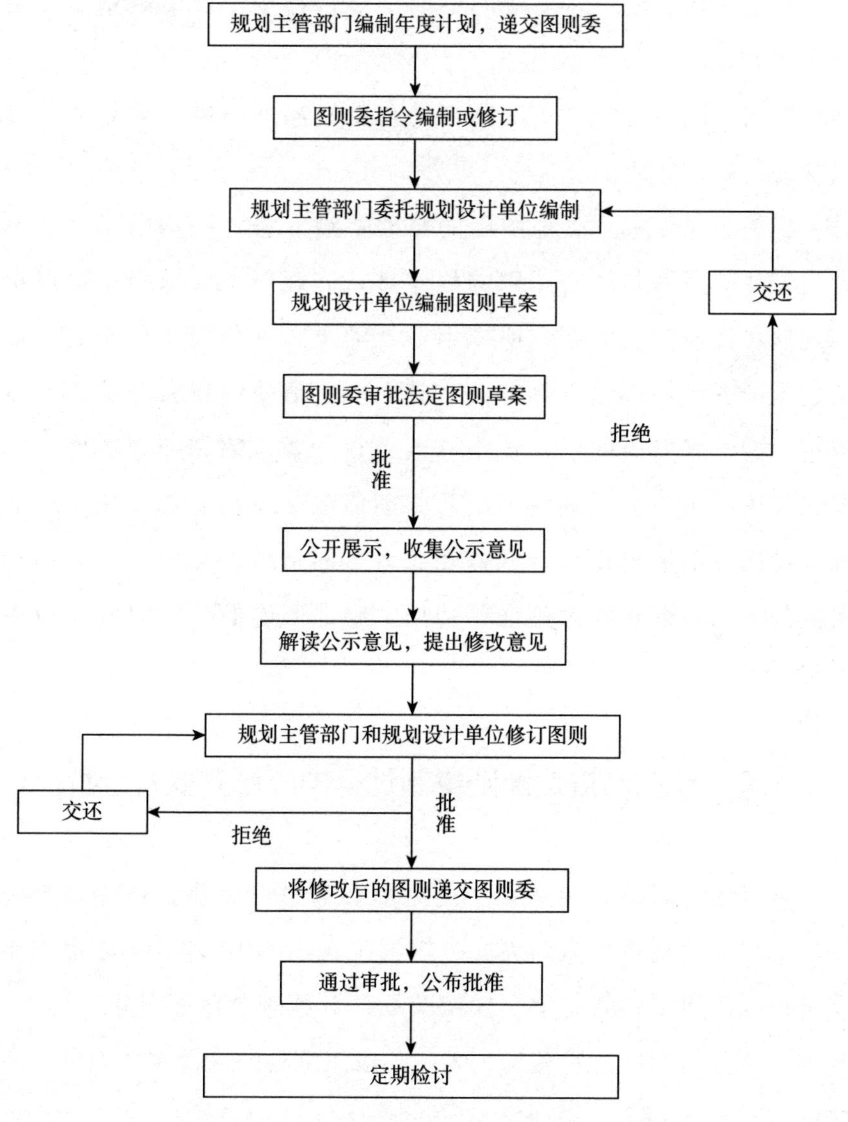

图 4－1　深圳法定图则编制及审批程序

资料来源：根据《深圳市城市规划条例》相关规定绘制。

第一，城市总体规划的变化对分区的功能与布局会产生较大影响。

第二，重大项目的建设对分区的功能与布局会产生较大影响。

第三，在法定图则实施的定期检讨过程中，城市规划委员会认为有必要修改。

第四，社会公众对法定图则的意见被深圳市城市规划委员会接纳的，可以修改。

相关法规要求，法定图则的修改要纳入法定图则的年度编制计划，并按照编制法定图则的程序进行。规划主管部门也可以根据规划实施情况的需要，或规划涉及的土地使用权人的申请，对法定图则进行局部调整和修改。其中，土地使用权人若提出修改申请，需要以书面的形式提出修改建议，要求附带建议方案，并详细陈述申请修改的理由，以及方案修改对城市基础设施、公共服务设施及土地出让方和利益相关者可能造成的影响，并承担相关的公示、公布和技术论证等费用。局部调整的公示时间不得少于 15 天。

4.2　深圳市法定图则编制过程中的博弈要素分析

要对法定图则编制过程中的博弈行为进行分析，首先要界定博弈牵扯到的利益主体。为此，本书统计了 2010 ~ 2014 年深圳市部分地区法定图则的制定、修编及局部调整等公示意见审议情况。其中，共分类统计公示意见 593 条，按照意见的来源主体划分，主要有行政管理部门、房地产开发企业、居民委员会、社会资本、所涉社区业主、社会个体六种类型。其中，来自行政管理部门的有 209 条，来自房地产开发企业的有 30 条，来自居民委员会的有

75 条，来自社会资本的有 164 条，来自所涉社区业主的有 52 条，来自社会个体的有 63 条，如图 4－2 所示。

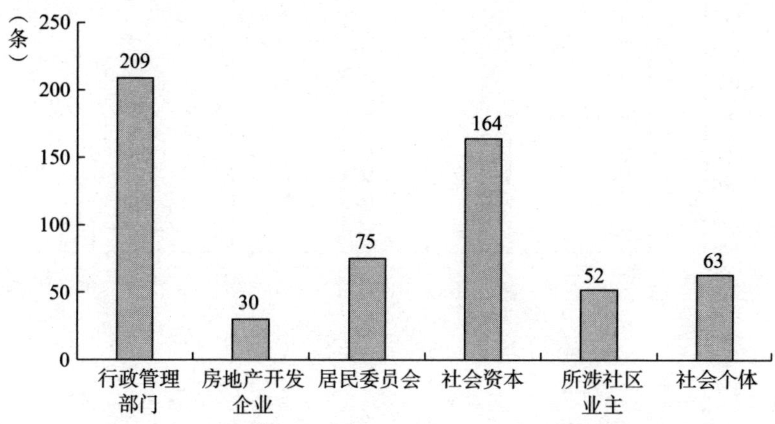

图 4－2　深圳市法定图则公示意见（按来源分类）

资料来源：根据 2010～2014 年部分片区法定图则公示意见整理绘制。

按照意见的内容来划分，主要涉及土地使用性质、公共配套设施、道路结构、开发强度等相关内容。其中，涉及土地使用性质调整的有 189 条，涉及公共配套设施调整的有 190 条，涉及道路结构调整的有 109 条，涉及开发强度调整的有 75 条。另外，涉及其他内容的公示意见共有 30 条，主要包括征地补偿、生态控制线调整，以及要求在地块内划定城市更新单元等方面的内容，如图 4－3 所示。

按照城市规划委员会给出的反馈意见来划分，主要有三种处理方式：采纳、不采纳、给予解释。其中，予以采纳的公示意见共有 219 条，不采纳的有 147 条，给予解释的有 227 条，如图 4－4 所示。

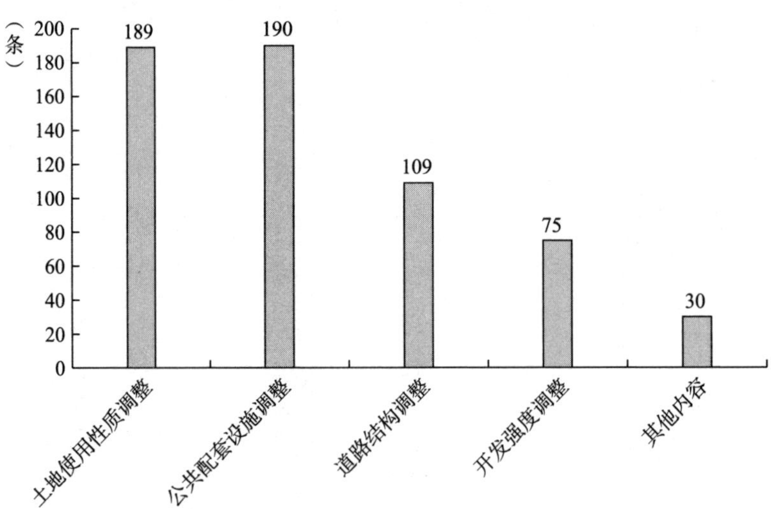

图 4-3 深圳市法定图则公示意见（按内容分类）

资料来源：根据 2010～2014 年部分片区法定图则公示意见整理绘制。

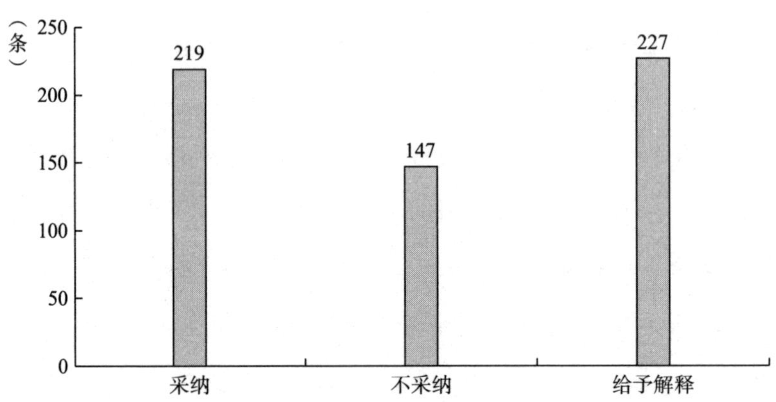

图 4-4 深圳市法定图则公示意见（按反馈意见分类）

资料来源：根据 2010～2014 年部分片区法定图则公示意见整理绘制。

4.2.1 利益主体分析

从公示意见统计结果可以看出，在法定图则编制的过程中主要有三类利益主体：行政管理部门、房地产开发企业和社会公众。

4.2.1.1　行政管理部门

从提出意见单位看，行政管理部门主要包括城市规划委员会、交通局、环保局等市直机关，以及街道办事处等由人民政府管辖的行政单位。

4.2.1.2　房地产开发企业

房地产开发企业是在编制图则的地块内进行项目开发的企业主体，其利益直接受到图则控制指标变化的影响。

4.2.1.3　社会公众

本书中的社会公众是一个大类的群体，根据公示意见的来源单位，主要将其分为四个部分：居民委员会、社会资本、所涉社区业主、社会个体。

（1）居民委员会

居民委员会是基于居民自治的原则而设立的基层群众性自治组织。尽管居民委员会是在相关行政管理部门的指导下进行工作的，但其主要作用是维护居民的合法权益或公共利益，以及向上级部门反映本地区居民的意见、要求和建议，因此本书将其视为社会公众的代言人，是社会公众的一个重要组成部分。

值得注意的是，深圳市存在一类特殊的单位——社区股份合作公司。根据《深圳经济特区股份合作公司条例》，社区股份合作公司的注册资本由社区集体所有财产折成等额股份并可募集部分股份构成，是由社区集体经济组织改组的股份合作公司。社区集体经济组织是指以行政村或村民小组（自然村）为基础组成的合作经济组织。可以看出，社区股份合作公司的本质是集体企业。

据统计，截至 2015 年，深圳市有社区股份合作公司 1200 多家，总资产逾1500亿元。[①] 从其运行情况来看，深圳市社区股份合作公司具有如下几个特点。

第一，本质上是集体经济组织，具有鲜明的合作制特征。

第二，从体制来看，社区股份合作公司与社区党组织、工作站、居民委员会之间普遍存在"四块牌子，一套人马"的现象，这导致其并不是一个纯粹的经济实体。

第三，股权封闭，社区股份合作公司的股东只能是村民小组、村民，以及社区股份合作公司董事、经理、职工和公司的子公司或参股公司的上述人员。一般来说，社区股份合作公司和股民共有的集体股份占51%。此外，社区股份合作公司的股份具有排他性，其分配流通也在内部进行。

第四，社区股份合作公司对包括土地、房产在内的集体财产具有支配权。据了解，社区股份合作公司以厂房、宿舍和商铺等的物业出租为主要经营方式和业务收入来源，物业租金收入占总收入的80%以上。

从上述特征来看，尽管社区股份合作公司被定义为集体企业，但运营和管理特征更接近维护居民权益的居民委员会，尤其是"一套人马"这种政企合一的特殊组成。同时，从收入来源看，社区股份合作公司的业务收入主要是租金，与在地块内进行生产活动的社会资本并不相同。因此，本书将其归类在居民委员会中，不做单独讨论。

（2）社会资本

社会资本指那些因法定图则的调整或修订而对其利益产生影响的企业主体。与房地产开发企业不同的是，社会资本往往是在

① 《社区股份公司"变形记"》，《南方都市报》2015年12月16日，第25版。

地块内部及周边地区内，已经或即将入驻地块并投入运营的企业主体。社会资本不对地块进行开发，而是在已经开发好的地块内进行生产运营。法定图则的调整或修订往往会因为容积率、用地性质等控制指标的变化而导致社会资本的建设受限、厂房不足等问题，进而影响其生产能力及未来发展的方向和计划。

（3）所涉社区业主

业主一般指物业的所有权人。本书中，所涉社区业主指法定图则地区内的原住居民，他们拥有对现有地块内的建筑物或房屋的所有权。业主的利益与房地产开发企业一样，会直接受到法定图则控制指标变化的影响，这种影响往往体现在土地出让的价格或租金等方面。

（4）社会个体

社会个体是那些以个体名义在公示期间提出建议的主体，他们可以是社会中的任何人，可以是在行政管理部门工作的公务员，可以是在地产开发公司工作的员工，可以是城市规划设计单位中的规划业务人员，也可以是与地块没有任何联系的普通市民。尽管他们的职业、社会角色可能多种多样，但他们都是抛弃自己的背景身份而单纯以社会个体的名义去表达意志的社会公众。

从图 4 – 5 中可以看出，行政管理部门是法定图则草案公众展示阶段中的最大信访主体，这与行政管理部门的职责定位有密切的联系。一方面，行政管理部门在法定图则的编制过程中是维护公共利益的防线；另一方面，行政管理部门如交通局、卫生局等对法定图则编制地区内的交通、卫生医疗等公共设施的建设、规划，以及服务运营等相关内容具有更加透彻的了解和安排。同时，街道办对本地区基本情况的认知往往更加清楚。因此，行政管理部门能够发现法定图则草案中最多的不合理之处十分合理。

其次是社会资本，以 28% 的比例排名第二位。因为社会资本是法定图则编制及实施过程中的直接受影响者，尤其是对于生产型企业来说，土地的控制指标在某种程度上决定着企业的产能规模，因此社会资本很重视在公示阶段提出自己的意愿。居民委员会、社会个体和所涉社区业主分别以 13% 、10% 和 9% 的比例排名第三、四、五位。

房地产开发企业则以 5% 的比例居最后一位，其所提出的公示意见的数量最少。尽管房地产开发企业的实际收益与法定图则的控制指标紧密相关，但在法定图则草案编制阶段，房地产开发企业可能并未完全参与其中的博弈过程，因为在这一阶段，土地还未出让，房地产开发企业并没有拿到土地的开发权，尚处于观望阶段。另外，房地产开发企业可能通过影响地方政府、规划业务人员和社会公众的决策，将诉求体现在法定图则草案中，或体现在行政管理部门、居民委员会、社会个体等其他利益主体的公示意见中。

值得一提的是，规划业务人员作为法定图则草案的编制方，他们的意见通常在方案设计过程中与雇佣单位协调，已经表达在了公示的法定图则草案上，并没有在公示期间有所体现。同时，规划业务人员往往更关心物质规划层面技术的合理和空间的美观[①]，法定图则中对于土地控制强制性指标的设计和公共服务配套设施的布置等方面，雇佣单位的意愿是其编制法定图则草案的主要依据。因此，在公示阶段这一主体并不积极表达意见是可以理解的。尽管规划业务人员没有以主体的身份在公示阶段表达诉求，

① 程洪江、谭敏：《控制性详细规划编制技术的创新与发展方向——多个城市控规开展情况的对比研究》，《四川建筑》2012 年第 5 期。

但这不妨碍他们以社会个体的身份提出自己对法定图则草案的意见。

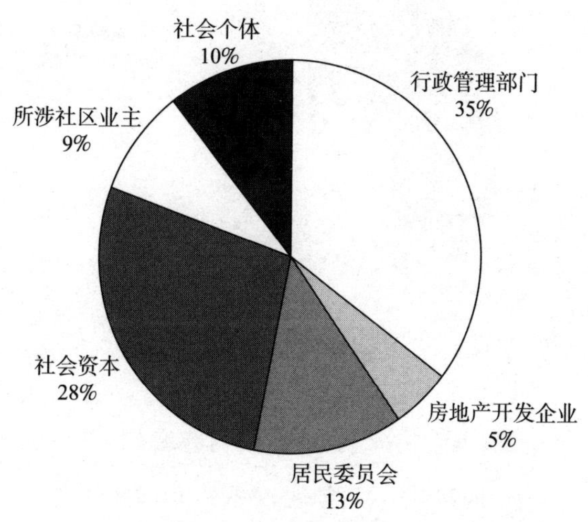

图 4－5　各方利益主体结构

资料来源：根据 2010～2014 年部分片区法定图则公示意见整理绘制。

4.2.2　博弈内容分析

公示意见是各方主体意愿的集中体现，在本书统计的公示意见中，所涉及的博弈内容主要体现在土地使用性质、公共配套设施、道路结构、开发强度等四个方面，其比例结构如图 4－6 所示。

在四个方面的博弈内容中，要求调整土地使用性质和调整公共配套设施是最突出的两大类型，均占全部公示意见的 32%。调整道路结构、调整开发强度分别占 18%、13%，二者相加之和仅与两大主要博弈点其中之一大致相当。

其中，其他类型主要涉及征地补偿、希望对地块进行城市更新、要求调整生态控制线，以及要求强化环保理念、综合考虑建筑现状和土地权属等行政管理部门法定图则编制理念方面的内容。

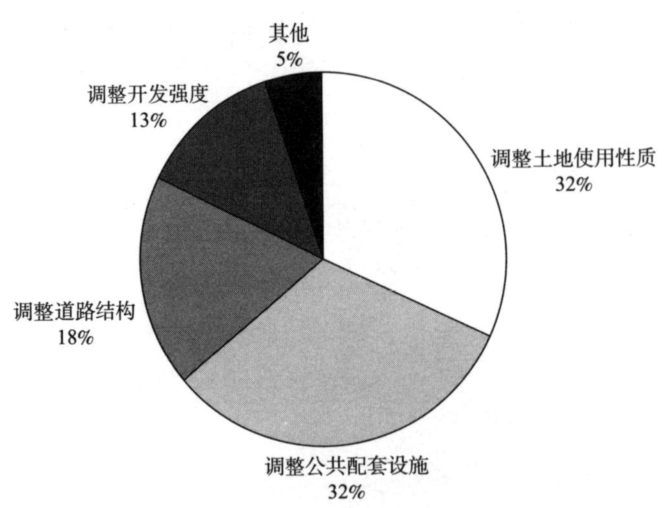

图 4－6　公示意见内容结构

资料来源：根据 2010～2014 年部分片区法定图则公示意见整理绘制。

4.2.2.1　土地使用性质

土地使用性质是对土地具体用途的分类，它不仅是对土地用途的安排，也是土地实际用途的体现。土地使用性质直接决定了土地价值，因此，在法定图则编制过程中对土地使用性质的争执是博弈的永恒内容。

就公示意见的内容来看，要求对土地使用性质进行调整的条目大致可以分为五类，即要求将法定图则草案中规划的土地用途分别调整为商住用途、商业用途、居住用途、工业用途和其他用途。

从图 4－7 中可以看出，要求将土地用途调整为居住用途的公示意见条目数量和采纳数量均最多。同时，在要求将土地用途调整为居住用途的全部 46 条公示意见中，来自社会资本的最多，有 16 条，其次为来自所涉社区业主的有 11 条，来自行政管理部门和居民委员会的分别有 8 条，来自社会个体的有 2 条，来自房地产开发企业的仅有 1 条。

对于社会资本来说，增加的居住用地可以为在其中工作的员工提供保障性住房，也可作为商品房面向社会进行出售或出租。所涉社区业主可能出于两个方面进行考虑：一是为了优化居住环境，除了工业用地、高职院校等其他功能外，用地性质的单一化会提高地区内的管理水平；二是为了社区对土地进行开发，提高社区和社会个体的收入水平。

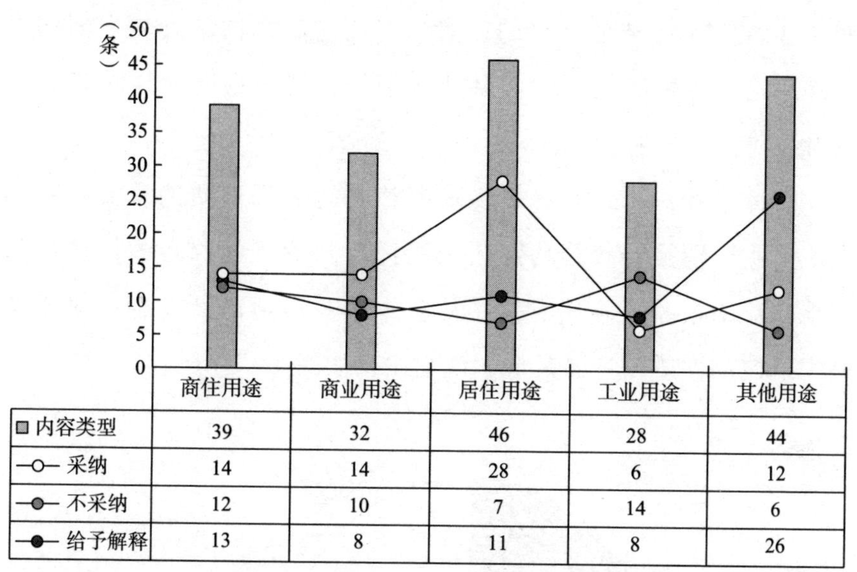

	商住用途	商业用途	居住用途	工业用途	其他用途
内容类型	39	32	46	28	44
采纳	14	14	28	6	12
不采纳	12	10	7	14	6
给予解释	13	8	11	8	26

图 4－7　关于土地使用性质的公示意见分类及反馈情况

资料来源：根据 2010～2014 年部分片区法定图则公示意见整理绘制。

除居住功能以外，要求将法定图则草案中规划的土地用途调整为商住用途和商业用途也是有关调整土地使用性质的重要博弈点。一般来讲，商住用途基本上是高层居住、底层商业的小区开发模式，不论是房地产开发企业还是土地出让者（居民委员会）均能在其中获得可观的经济收益。至于调整为商业用途的诉求，从来源来看，社会资本和居民委员会是意愿最强烈的参与人。其中的原因一方面是用商业用地可提升附近其他用地的土地价值，另一方面是增加为周边居民服务的商业设施。

同时，社会资本也是要求将法定图则草案中规划的土地用途调整为工业用途的意愿最强烈者，这与社会资本的企业行为与土地绑定有着密切的关联。所涉社区业主的意愿较低，只有3条，这一结果也在意料之中。房地产开发企业并没有提出此类要求。

此外，其他涉及土地使用性质调整的公示意见主要包括改变重工业企业（污染企业）的位置、在法定图则内的地块之间切换土地用途、合并法定图则内某几个地块，以及反对对地块进行土地开发等具体内容。

总体来看，社会资本是要求调整土地使用性质的意愿最强烈者。其次分别是行政管理部门和居民委员会，此二者的诉求应与土地出让的收益及补偿有关。社会个体及房地产开发企业对于调整土地使用性质的意愿最低。详细比例如图4－8所示。

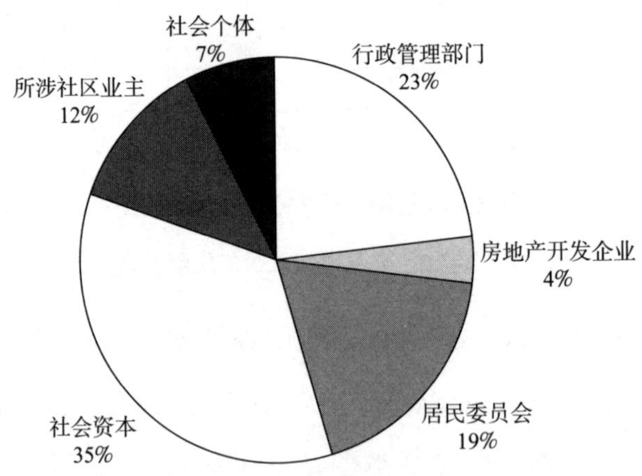

图4－8　关于土地使用性质的公示意见主体结构

资料来源：根据2010～2014年部分片区法定图则公示意见整理绘制。

4.2.2.2　公共配套设施

涉及要求公共配套设施调整的公示意见在全部公示意见中的数量最多，根据此类公示意见的内容，可以分为教育设施、文体设施、卫生设施、环卫设施、公共绿地、公共交通、福利设施，以及其他设施的调整等几大类。其中，所涉及的其他设施主要包括邮政、消防、加油站、停车场、墓地等设施用地，如图4－9所示。

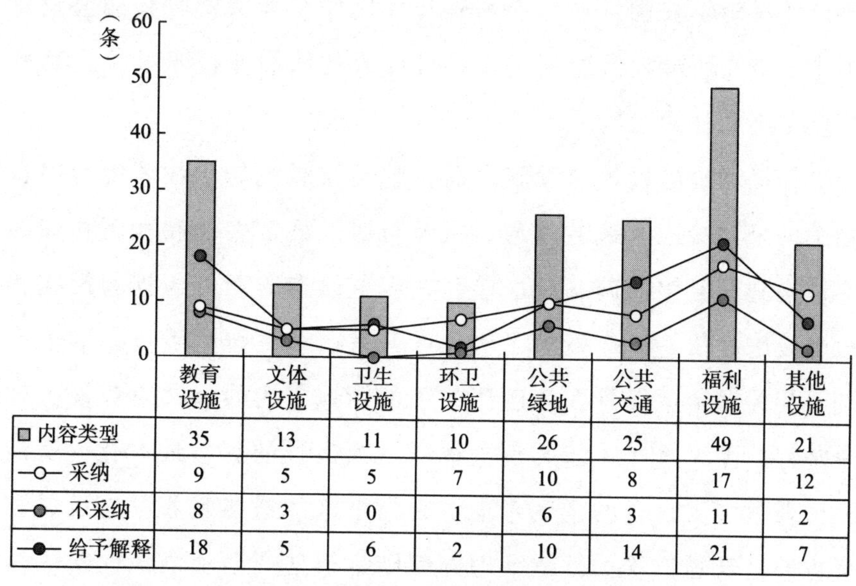

	教育设施	文体设施	卫生设施	环卫设施	公共绿地	公共交通	福利设施	其他设施
■ 内容类型	35	13	11	10	26	25	49	21
—○— 采纳	9	5	5	7	10	8	17	12
—●— 不采纳	8	3	0	1	6	3	11	2
—●— 给予解释	18	5	6	2	10	14	21	7

图4－9　关于公共配套设施的公示意见分类及反馈情况

资料来源：根据2010～2014年部分片区法定图则公示意见整理绘制。

从统计数据来看，对福利设施的公示意见最多，这主要涉及社区活动中心、福利院等机构，其中行政管理部门以22条意见在此类中位居榜首，其次为社会资本（12条）。在行政管理部门中，又以街道办为主。此类意见主要涉及在社区内提供活动中心，其中以街道办的意见最为突出，其所体现的应该是所涉社区业主和居民的日常生活意愿。甚至有业主提出将地块内的幼儿园、绿地等其他公共服务设施替换为活动中心。

在福利设施之后，对教育设施的意见也比较突出，这方面主要体现在新的地产开发吸引人口入住导致学位增加，需要为新增加的人口增设幼儿园、小学等基础教育机构。在涉及教育设施的公示意见中，大部分为行政管理部门要求在地块内提供或调整现有学校机构的位置，但社会资本、房地产开发企业、居民委员会等土地利益相关者往往希望将学校设置在自己所使用的土地之外。当地居民对学校的性质也有所选择，比如在本书所收集的公示意见中，就有所涉社区业主要求将社区附近的职业技术学院迁移到法定图则之外的案例。

在福利设施和教育设施之后，则是与居民的居住环境与出行相关的公共绿地和公共交通，以及与居民日常生活和就医相关的文体设施和卫生设施。对这些公共服务设施的意见与福利设施和教育设施类似，社会资本、房地产开发企业、居民委员会等土地利益相关者希望设置在自己所使用的土地之内的公共服务设施越少越好，因为这样才能实现土地开发或出让的利益最大化。所涉社区业主则从自身的角度考虑，希望将这些公共服务设施设置在最方便自己的位置；行政管理部门则是根据规划和当地的实际需要进行设置。

环卫设施主要涉及垃圾转运站、公厕等，对于环卫设施与其他设施，以所涉社区业主和社会个体的意见为多。这些主体大多希望将这类可能会产生异味、污染的公共设施迁出自己所居住的环境范围。

从此类公示意见的来信单位看，行政管理部门占 50%，其后分别是社会资本占 17%、社会个体占 13%、居民委员会占 10%，来自所涉社区业主和房地产开发企业的意见条目较少，如图 4－10 所示。从中可以明显看到行政管理部门作为公众利益守护者的角色。同时，社会资本的意见以将其自身所有地块中的公共配套设施调整到地块外等要求为多，因为过多承担公共设施用地会影响其自身的运营利益。另外，所涉社区业主对于公共设施的意见以自身的使用方便为基础，但对于环卫设施与其他设施却“敬而远之”，也并不是所有业主都希望在自己的居住环境内存在学校等相关公共服务设施。

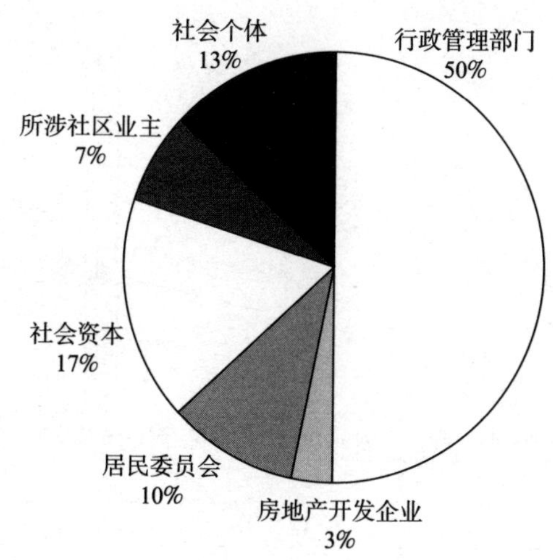

图 4－10　关于公共配套设施的公示意见主体结构

资料来源：根据 2010～2014 年部分片区法定图则公示意见整理绘制。

4.2.2.3　道路结构

对道路结构的调整要求主要涉及法定图则内地块的结构分布，具体要求主要体现在调整路网结构、取消规划道路等。此外，公示意见中也有提到增加人行设施以及调整道路宽度等方面的要求。

从图 4－11 中可以看出，调整路网结构及取消规划道路的公示意见数量远远超过另外两类。在这两类公示意见中，依然以行政管理部门和社会资本为主要来源，两者分别提出了 37 条和 21 条。其中，取消规划道路的意见主要是考虑到地块的连续性，有不少规划道路直接穿过现有地块或厂区，所带来的外来交通会直接影响到居民正常生活及工厂的正常运营。调整路网结构的意见大多数是从地块的功能出发，一是保证地块功能的完整和连续性，二是考虑到医院、学校等相关基础设施对交通设施的特殊要求而调整道路的等级、线网等。

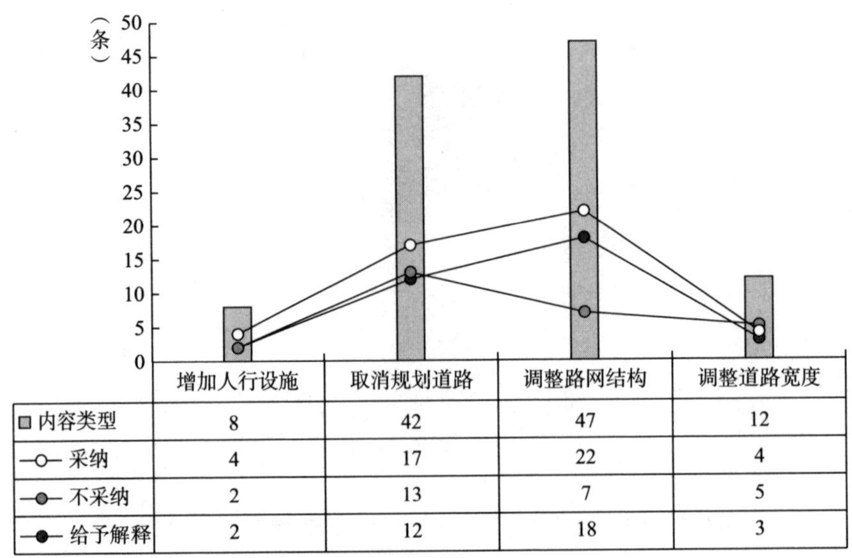

	增加人行设施	取消规划道路	调整路网结构	调整道路宽度
内容类型	8	42	47	12
采纳	4	17	22	4
不采纳	2	13	7	5
给予解释	2	12	18	3

图 4－11　关于道路结构的公示意见分类及反馈情况

资料来源：根据 2010～2014 年部分片区法定图则公示意见整理绘制。

从提出此类公示意见的主体结构来看，行政管理部门和社会资本分别占了来信总数的 39% 和 31%，其后的排序分别为居民委员会、所涉社区业主、社会个体、房地产开发企业，具体比例见图 4－12。

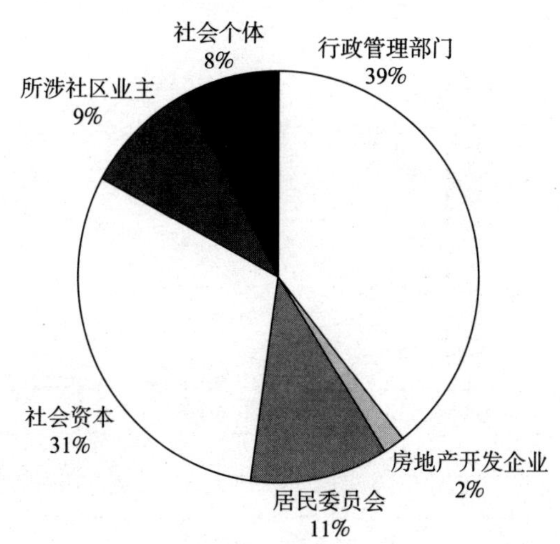

图 4－12 关于道路结构的公示意见主体结构

资料来源：根据 2010～2014 年部分片区法定图则公示意见整理绘制。

4.2.2.4 土地开发强度

同土地使用性质一样，土地开发强度与土地经济利益直接相关，在法定图则的控制指标上，主要体现为容积率的调整和修改方面的争执。

从图 4－13 中可以看出，在本书统计的公示意见中，涉及要求调整土地开发强度的公示意见共有 75 条，其中直接要求调整容积率的有 61 条，涉及调整建筑面积和建筑高度的分别有 6 条和 8 条。有关调整建筑面积的 6 条公示意见分别来自行政管理部门、房地产开发企业和社会资本，三者各有 2 条，其主要目的是争取某一功能的建筑面积的增加，而不是增加总建筑面积。比如，有房地产开发企业希望在商住用地上增加居住用途的建筑面积，有社会资本希望能够在厂区内将一部分工业用地转化为仓储用地，等等。

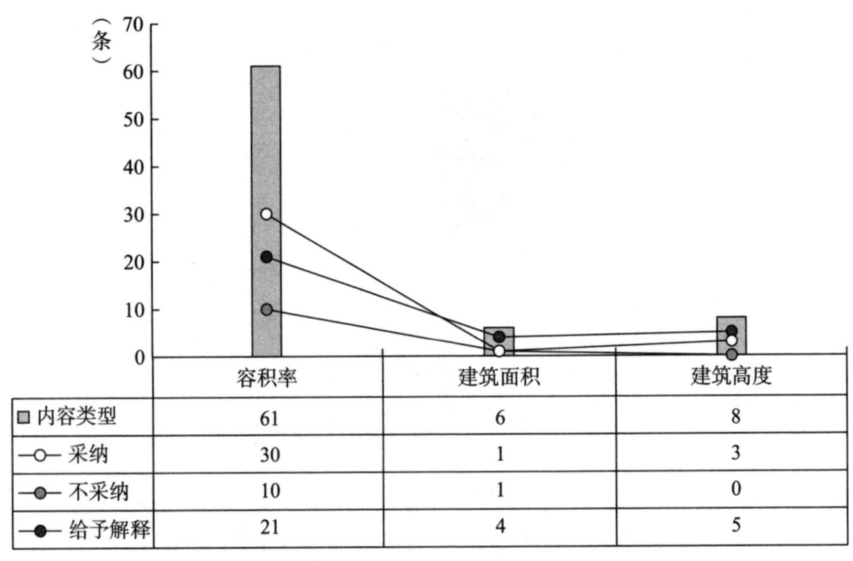

	容积率	建筑面积	建筑高度
内容类型	61	6	8
采纳	30	1	3
不采纳	10	1	0
给予解释	21	4	5

图 4－13　关于土地开发强度的公示意见分类及反馈情况

资料来源：根据 2010～2014 年部分片区法定图则公示意见整理绘制。

在涉及调整建筑高度的公示意见中，来自房地产开发企业的有 2 条，来自社会资本和社会个体的各有 3 条。其中，来自社会资本和社会个体的意见主要是考虑到高层建筑对周围地块的日照、交通、城市形象等方面的影响，希望能降低建筑高度；而来自房地产开发企业的意见均希望能够提高建筑高度，从而提高土地的利用效率。

在涉及容积率的调整方面，来自房地产开发企业的全部 12 条意见均要求提高地块的容积率，提出要求降低容积率的意见则主要来自社会个体和社会资本。

从本类公示意见的来源主体结构来看，社会资本以 39% 的比例位居第一，行政管理部门和房地产开发企业分别均以 20% 的比例紧随其后，来自社会个体的意见占 12%，其后分别是居民委员会（5%）和所涉社区业主（4%），详见图 4－14。因为容积率的调整直接关乎土地的开发，以自身经济利益为优先的社会资本和房地产开发企业成为此类公示意见的主要来源主体。

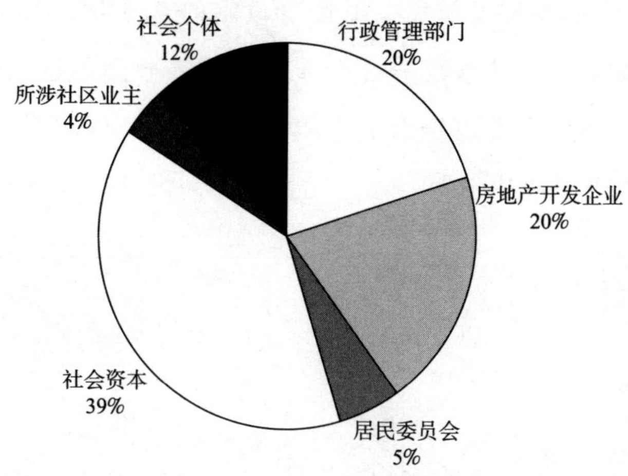

图 4－14　关于土地开发强度的公示意见主体结构

资料来源：根据 2010～2014 年部分片区法定图则公示意见整理绘制。

在关于土地使用性质、公共配套设施和道路结构调整的公示意见中，房地产开发企业提出的意见分别占总数的 4%、3% 和 2%，比例很小。然而在有关容积率调整的公示意见中，房地产开发企业的主动性大大提高，其意见数量占总数的 20%，且均希望能够提高容积率。可见对房地产开发企业来说，容积率的提高是其最大的意愿。同时，行政管理部门在调整容积率的意见中所占比例有所减少。

4.2.3　主体行为分析

以公示意见的内容分类，可以看出法定图则编制过程中的主要博弈内容。以公示意见的主体来源分类，可以归纳出各方利益主体在法定图则编制过程中的意愿和行为。

4.2.3.1 行政管理部门

来源于行政管理部门的公示意见内容分类情况如图 4－15、图 4－16 所示，其中涉及调整公共配套设施的意见共 95 条，在行政管理部门提出的意见总数中占 46%。从这部分公示意见的内容来看，主要包括为规划地块增加学校、调整社康中心、预留公交站点及轨道交通站点用地等。

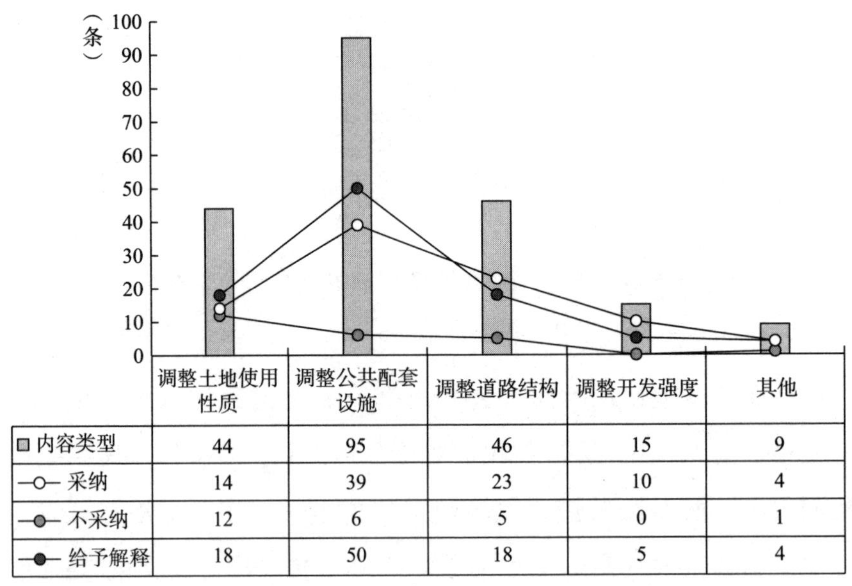

	调整土地使用性质	调整公共配套设施	调整道路结构	调整开发强度	其他
内容类型	44	95	46	15	9
采纳	14	39	23	10	4
不采纳	12	6	5	0	1
给予解释	18	50	18	5	4

图 4－15 来源于行政管理部门的公示意见内容及反馈情况

资料来源：根据 2010～2014 年部分片区法定图则公示意见整理绘制。

作为公共利益的守护者，行政管理部门往往从捍卫公共利益的角度出发，严格控制和避免土地开发对地区可能造成的负向外部效应。比如在深圳市某地块法定图则规划调整方案中，拥有土地权属的社区业主为了获得更多的土地出让收益试图最大限度地提高容积率（从 3.2 提高至 5.0），而行政管理部门考虑到容积率的提高会使得居住人数增加，但周边的学校、体育等公共配套设施的建设情况还难以满足高容积率的居住人群，因此必须将容积率控制在一定范围之内，不予同意。

此外，行政管理部门提出的公示意见综合了多方面的考虑，因为其对地块信息的了解较为透彻，所以往往能够更清楚地提出具有实际操作意义的建议。

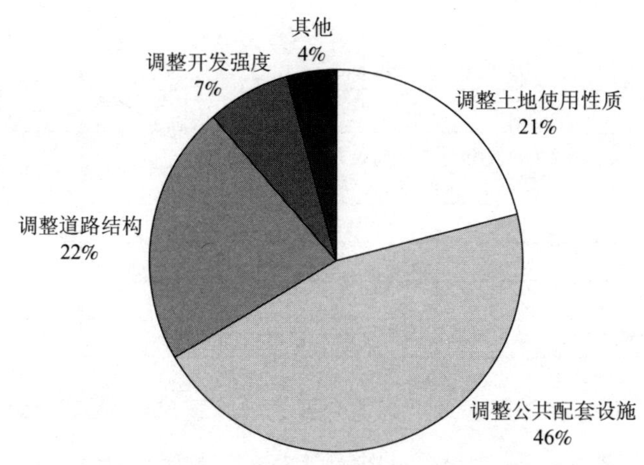

图 4－16　来源于行政管理部门的公示意见分类结构

资料来源：根据 2010～2014 年部分片区法定图则公示意见整理绘制。

4.2.3.2　房地产开发企业

在本次统计研究中，房地产开发企业提出的公示意见共计 30 条，所占比例最小，但其中有一半的条目与调整开发强度有关。可见对于房地产开发企业来说，土地控制指标才是其关注的首要内容，也是提高其对土地进行开发之后所得收益的关键影响因素。

除此之外，在土地使用性质和公共配套设施的调整方面，房地产开发企业的目的也十分明确和直接。

从图 4－17、图 4－18 来看，房地产开发企业的意愿与行政管理部门刚好相反。行政管理部门对房地产开发企业最为关注的调整开发强度的关注度是比较低的，而房地产开发企业对行政管理部门所主要关注的调整公共配套设施的意愿也并不高。

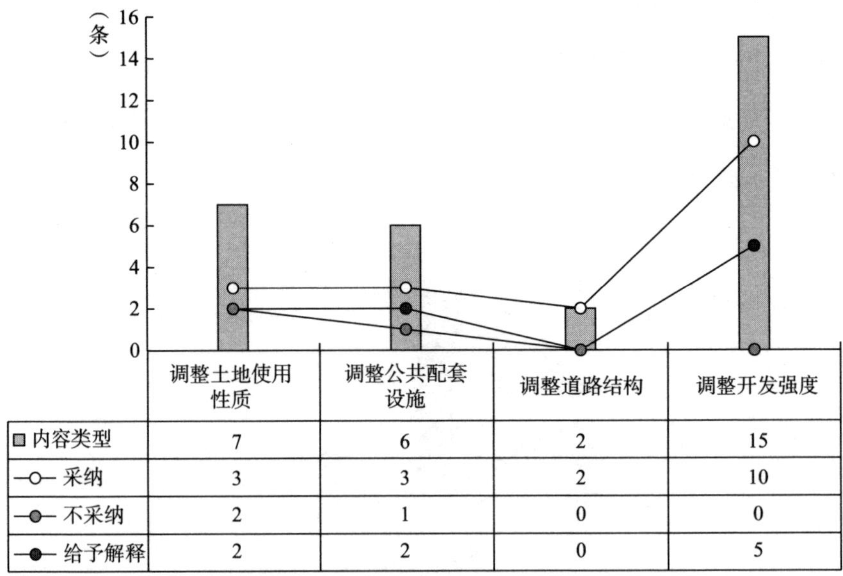

	调整土地使用性质	调整公共配套设施	调整道路结构	调整开发强度
内容类型	7	6	2	15
采纳	3	3	2	10
不采纳	2	1	0	0
给予解释	2	2	0	5

图 4－17　来源于房地产开发企业的公示意见内容及反馈情况

资料来源：根据 2010～2014 年部分片区法定图则公示意见整理绘制。

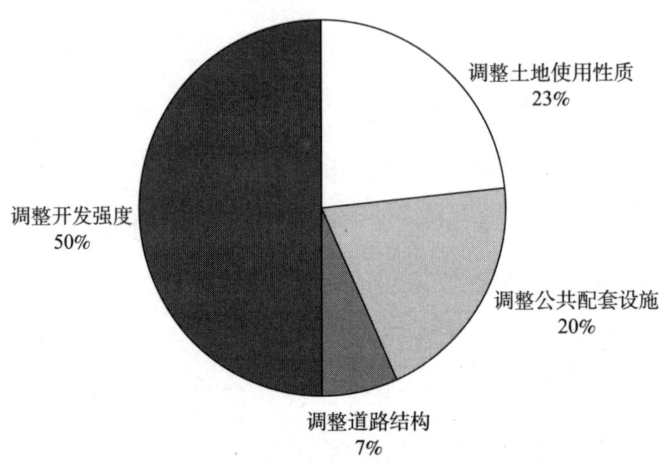

图 4－18　来源于房地产开发企业的公示意见分类结构

资料来源：根据 2010～2014 年部分片区法定图则公示意见整理绘制。

4.2.3.3　居民委员会

居民委员会是一个特殊的基层自治单位，它并不是公权力部门，但拥有国有（集体）土地的使用权和支配权。同时，土地及房屋的管理主要由居民委员会负责，土地的出让也主要通过居民委员会，这使得居民委员会在法定图则编制、调整和修订的博弈过程中具有相当的话语权。

从土地出让的角度来看，法定图则的控制指标并不是影响土地出让收益的决定性因素，但土地使用性质在其中起到重要作用。从图 4－19、图 4－20 中可以看到，在居民委员会所提出的 75 条公示意见中，有关调整土地使用性质的有 35 条，占总数的 47%，这正是居民委员会作为土地出让者的思维模式最好的证明。

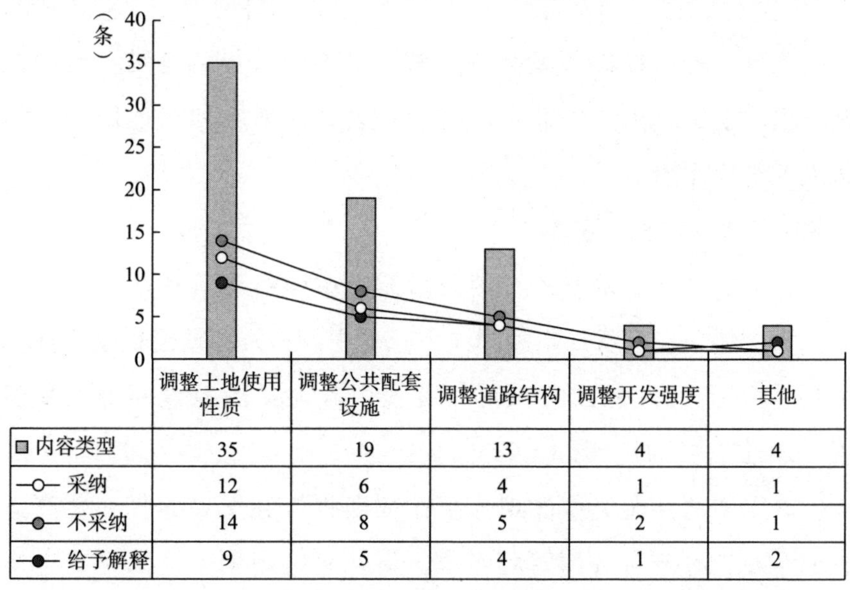

	调整土地使用性质	调整公共配套设施	调整道路结构	调整开发强度	其他
■ 内容类型	35	19	13	4	4
—○— 采纳	12	6	4	1	1
—●— 不采纳	14	8	5	2	1
—●— 给予解释	9	5	4	1	2

图 4－19　来源于居民委员会的公示意见内容及反馈情况

资料来源：根据 2010～2014 年部分片区法定图则公示意见整理绘制。

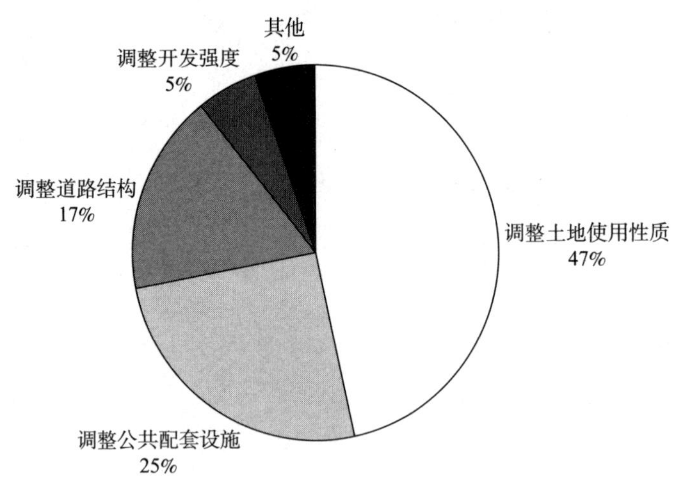

图 4－20　来源于居民委员会的公示意见分类结构

说明：合计非 100% 为四舍五入所致。

资料来源：根据 2010～2014 年部分片区法定图则公示意见整理绘制。

此外，占总数 25% 的要求调整公共配套设施的意见，也能在某种程度上反映出居民委员会作为代表社区业主和当地居民的发言人的重要作用。

4.2.3.4　社会资本

社会资本是本书所统计的公示意见中除行政管理部门以外的第二大主体，在其所提出的 164 条意见中，涉及调整土地使用性质的共有 66 条，占总数的 40%，其他内容意见的数量差异不是很大，详见图 4－21、图 4－22。

本书中的社会资本体现为正在或即将入驻土地并投入生产运营的企业，有着自身的营利需求，而在法定图则中能满足其生产需要的要素主要有土地使用性质和土地开发强度。在其所提出的有关调整土地使用性质的意见中，有相当一部分是要求将法定图则中规划的土地使用性质调整为工业用地或仓储用地，这一部分意见主要来自实体产品生产型企业，出于企业生产规模扩大的目标或

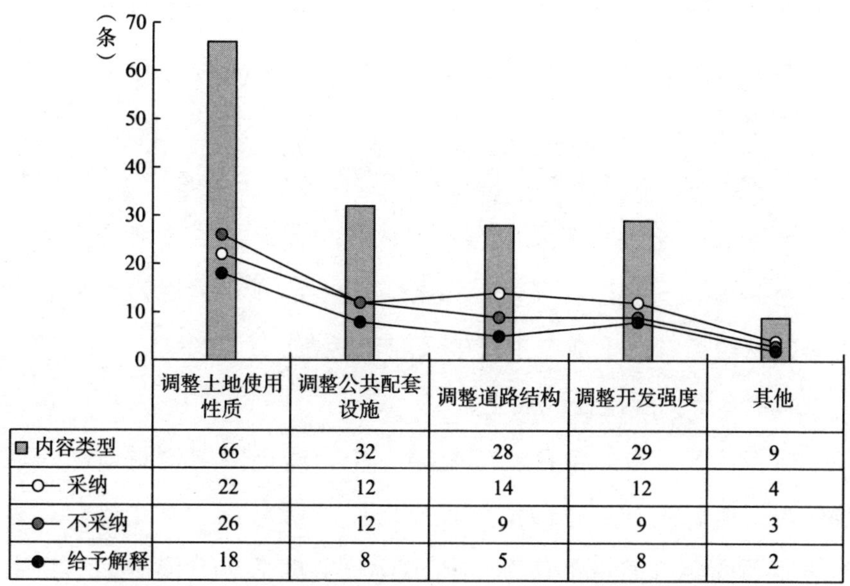

	调整土地使用性质	调整公共配套设施	调整道路结构	调整开发强度	其他
内容类型	66	32	28	29	9
采纳	22	12	14	12	4
不采纳	26	12	9	9	3
给予解释	18	8	5	8	2

图 4－21　来源于社会资本的公示意见内容及反馈情况

资料来源：根据 2010～2014 年部分片区法定图则公示意见整理绘制。

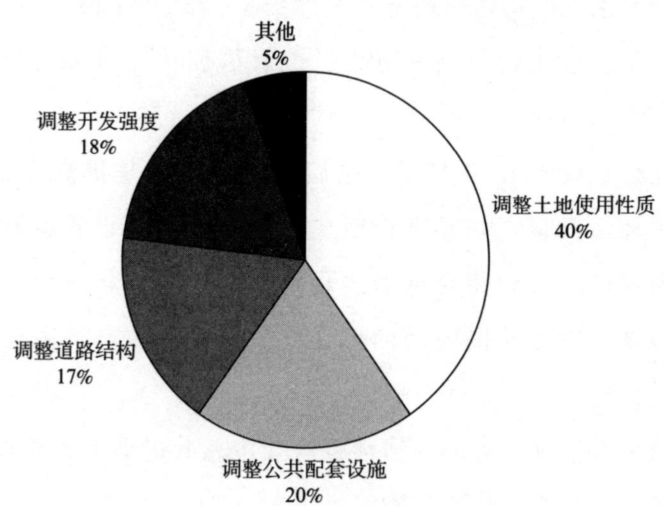

图 4－22　来源于社会资本的公示意见分类结构

资料来源：根据 2010～2014 年部分片区法定图则公示意见整理绘制。

满足产品存储的需求。此外，也有一部分是要求将规划土地使用性质调整为商业用地或居住用地，这些主要来自服务型企业，如物业公司等。

总体来看，社会资本与房地产开发企业的主体意愿十分相似，均是出于对自身利益最大化的追求，但二者最大的区别是房地产开发企业是对土地进行开发，主要关注土地开发强度，而社会资本是在已经拥有的土地上进行生产经营活动。

4.2.3.5 所涉社区业主

所涉社区业主的角色比较复杂，作为法定图则编制地区的原住居民，他们拥有土地的使用权及房屋的所有权，因此他们有着和居民委员会一样追求最大土地出让收益的需求。同时，作为本地的居民，他们也有着改善居住环境、方便日常生活的需求。

总体来看，所涉社区业主所提出的意见数量并不多，占比最高的是调整土地使用性质的部分，如图 4 - 23、4 - 24 所示。其中，他们有出于土地出让收益的考虑，也有居住功能单一化、提高居住环境质量的考虑。

而在公共配套设施方面，他们的主要诉求是提高生活品质、提高居住环境质量，如要求将地块内或附近的垃圾转运站、加油站、公厕等设施移到相对远离居住环境的位置，将医院、公交站等设施设置在方便居民使用的位置，或反对其他设施占用社区的居民活动用地等。

在调整开发强度方面，所涉社区业主总共提出了 3 条意见，其中有 2 条反对提高地块容积率。

总而言之，所涉社区业主具有多重意愿，他们有作为“理性经济人”实现自身利益最大化的考虑，也有谋求公共福祉的要求，但一般情况下会将自身的利益置于整体社会公众的利益之上。

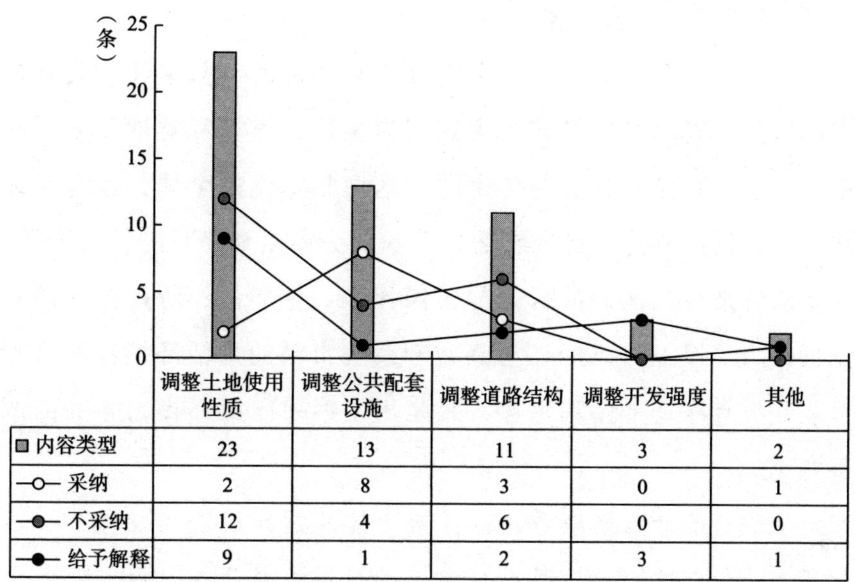

	调整土地使用性质	调整公共配套设施	调整道路结构	调整开发强度	其他
内容类型	23	13	11	3	2
采纳	2	8	3	0	1
不采纳	12	4	6	0	0
给予解释	9	1	2	3	1

图 4－23　来源于所涉社区业主的公示意见内容及反馈情况

资料来源：根据 2010～2014 年部分片区法定图则公示意见整理绘制。

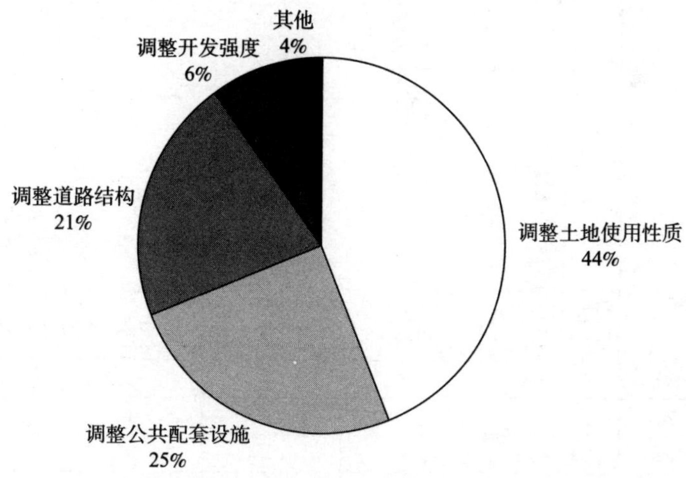

图 4－24　来源于所涉社区业主的公示意见分类结构

资料来源：根据 2010～2014 年部分片区法定图则公示意见整理绘制。

4.2.3.6 社会个体

社会个体在本书中是一个构成非常丰富的利益主体，具有多重的出身，因而可以将其视为真正为全社会谋求利益的公众。在他们之中，有自身利益与法定图则地块相牵连的个体，也有与地块无关、仅仅是曾经路过或是只看到了法定图则草案的社会个体。对于前者来说，他们的行为与所涉社区业主类似，所提出的调整意见是为了捍卫自己的切身利益和改善自己的生活环境；而后者可能并没有深切的生活体会，只是出于第一印象而提出相关的调整意见。

从现有统计数据来看，在社会个体所提出的公示意见中，占比最大的是有关调整公共配套设施的意见，占总数的40%，其余几项的差别并不是很大，如图4－25、图4－26所示。

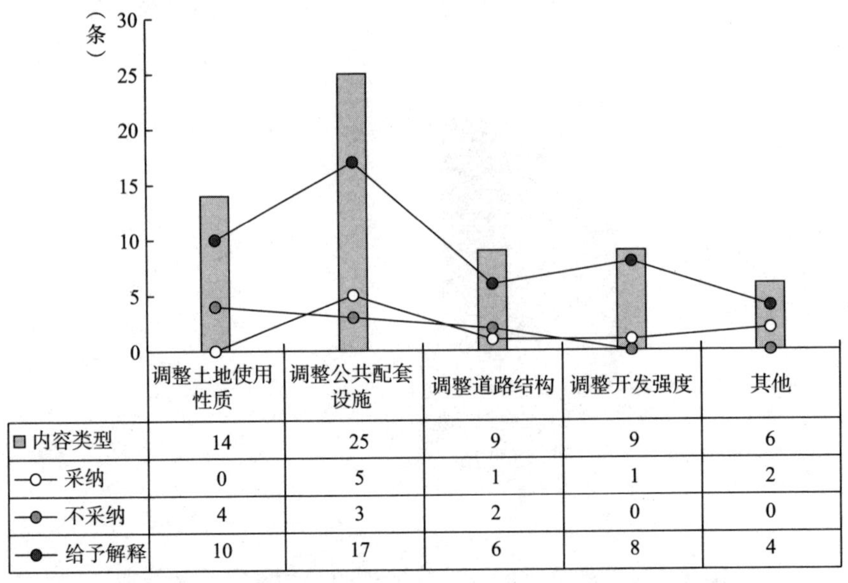

	调整土地使用性质	调整公共配套设施	调整道路结构	调整开发强度	其他
□ 内容类型	14	25	9	9	6
—○— 采纳	0	5	1	1	2
—●— 不采纳	4	3	2	0	0
—●— 给予解释	10	17	6	8	4

图4－25 来源于社会个体的公示意见内容及反馈情况

资料来源：根据2010～2014年部分片区法定图则公示意见整理绘制。

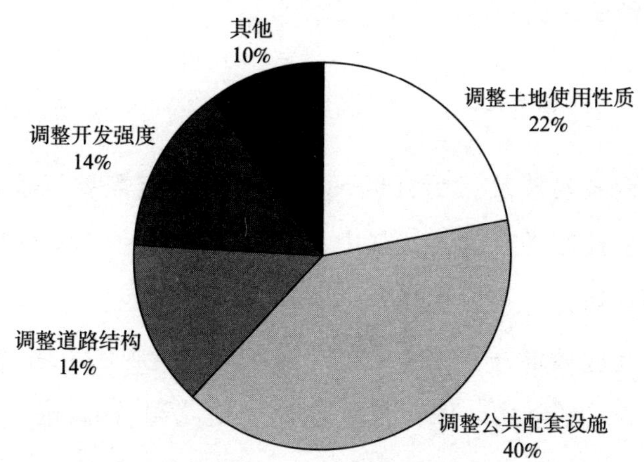

图 4－26　来源于社会个体的公示意见分类结构

资料来源：根据 2010～2014 年部分片区法定图则公示意见整理绘制。

在调整公共配套设施方面，社会个体的诉求往往是因为在实际使用中遇到了困难，为了方便自己的生活而提出。在调整土地使用性质方面，除了将法定图则草案中的规划土地用途进行调整以外，还出现了反对开发的情况。而在调整开发强度方面，其诉求以降低容积率及降低建筑高度为主。

综合来看，社会个体所提出的意见因其背景多样化的属性而在内容上两极分化比较严重，但这不妨碍他们的主体行为非常纯粹，既符合为全体社会公众谋求公共福祉的特征，也有坚守社会个体得失的心理表现。

4.3　深圳市某社区征地返还方案博弈案例

本案例主要分析深圳市某社区法定图则调整过程中各方主体的诉求和博弈内容，该项目主要涉及征地返还、土地性质调整和公共设施建设等相关事项。其中，社区征地返还方案涉及对已批法定图则的修改。

4.3.1 方案概况

本案例主要涉及三个社区，按照相关规定需要以征地面积的10%对三个社区进行返还。其中，社区返还用地现状为工业厂房，法定图则规划为医疗卫生用地（500床的综合医院）。同时，该地块与另一地块捆绑开发，法定图则规划为二类居住用地（R2），容积率为3.2，配套社区体育活动场地、幼儿园（12班，独立占地4300平方米）、居住小区级文化室（建筑面积1500平方米），备注“规划，以居住为主，可兼容商业服务业设施，商业服务业设施占总建筑面积不超过30%”。

4.3.1.1 调整事由

2014年4月至5月，该项目法定图则调整进行了为期30天的公示，在公示期间仅收到1条意见，来自街道办、社区：“将所涉两块地块互换，免去其中的公配设施指标（幼儿园、社区老年人日间照料中心和社区体育活动场地）。提高容积率至5.0以上。”

4.3.1.2 意见反馈

针对这一公示意见，法定图则审批管理部门给予了反馈。

第一，根据《深圳市城市规划标准与准则》，结合片区实际情况，考虑到公共配套设施和市政设施承载力，在居住建筑容积率不超过3.2的基础上，适当增加商业建筑面积和配套设施建筑面积，将容积率由3.2提高至3.8。地块同时注明：该项目返还地块居住建筑规模不超过4.9万平方米。

第二，经核算，幼儿园、社区体育活动场地和老年人日间照料中心是必须配建的公共配套设施，相关会议也明确提出“返还用地中必须配建必要的交通、教育等配套设施”。因此，相关配套设施仍不变。

同时，规划主管部门同意对所涉地块法定图则进行规划调整，给出了初审意见。

第一，返还用地功能由医院用地（GIC4）调整为二类居住用地（R2），容积率 3.8（其中居住建筑面积不得超过 4.9 万平方米），配套 6 班幼儿园（用地面积不小于 1800 平方米）、社区老年人日间照料中心（用地面积不小于 450 平方米）和社区体育活动场地（用地面积不小于 200 平方米）。

第二，由于该地块被征地返还地和绿地占用，剩余面积较少（低于《深圳市城市规划标准与准则》规定 500 床综合医院用地规模 4 万平方米的下限值），且受用地形状所限，不利于建筑布局和交通组织。建议将医院用地与其他地块捆绑开发，并对用地形状进行规整，规整后可满足综合医院建设需求；商业用地面积为容积率 2.2（保持原法定图则规划商业建筑面积不变），配套便民服务站（社区服务中心，建筑面积不小于 400 平方米）、社区管理用房（含社区居民委员会，建筑面积不小于 250 平方米）、社区警务室（建筑面积不小于 20 平方米），以上配套设施应组合设置。

4.3.2　博弈双方

在该方案中，主要博弈参与人是行政管理部门和所涉社区居民委员会，此处土地是未经征收的集体用地，由居民委员会作为代表经营管理。本来在规划中这块土地为医疗卫生用地，但在返还之后为商住用途，在这种情况下居民委员会为了获得更多的土地出让收益而最大限度地提高容积率。

然而，行政管理部门考虑到提高容积率会使得居住人数增加，但周边的学校、体育等公共设施难以满足高容积率的居住人群，因此，必须将容积率控制在一定范围之内。

4.3.3 行动策略

在本案例中，居民委员会的行动策略有调整容积率和不调整容积率两个选择，对于居民委员会所要求的容积率调整，行政管理部门也可以给出调整和不调整两个策略。假设居民委员会提出调整容积率并取得行政管理部门的同意，将会获得额外土地收益E，行政管理部门将承担提高容积率给周边地块造成的影响I；若行政管理部门不同意调整，居民委员会则没有额外收益，只获得土地收益L，行政管理部门会获得来自公众的认可，收获社会效益S。可以建立如表4－1所示的博弈矩阵。

表4－1 行政管理部门与居民委员会博弈矩阵

		居民委员会	
		调整	不调整
行政管理部门	调整	(I－S，L＋E)	(S－R，L)
	不调整	(S，L－E)	(S，L)

假定当居民委员会和行政管理部门都选择不调整的策略时得到的结果是双方达成共识，补偿草案得到通过，居民委员会得到土地进行开发或出让获得土地收益L，行政管理部门则收获社会效益S，所以此时行政管理部门和居民委员会的收益为（S，L）。

居民委员会在提出不调整容积率的意见时，能够顺利获得土地，并按照原有方案的控制要求进行土地开发，此时居民委员会能够获得土地收益L。如果行政管理部门提出对容积率进行调整，无论是提高还是降低，都会降低公众对行政管理部门的认可度，此时行政管理部门所能获得的收益会在社会效益 S 的基础上有所降低，为（S－R），R 代表公众对行政管理部门认可度的降低值。

如果居民委员会提出调整容积率的要求，而行政管理部门没有调整意愿的时候，行政管理部门会因为守护公众利益而收获社会效益 S，居民委员会的收益则是在其实际收益 L 的基础上减去提出调整要求时预期能够收获的额外收益 E，即（L－E）。

当居民委员会提出调整容积率的意见，同时行政管理部门允许调整、同意居民委员会进行超量开发的时候，居民委员会能够在原有土地收益 L 的基础上获得额外收益 E，其总收益为（L＋E）。但居民委员会的超量开发引起了土地入住居民数量的增加，给周边的基础设施带来了压力。对于行政管理部门来说，不仅不能获得公众的认可，反而需要承担来自公众的压力 I，这时其所能获得的收益是负向的，为（I－S）。尽管容积率的提高有助于房地产开发企业和社会资本的入驻，进而提升城市土地的价值，并带来就业机会等城市整体经济效益，但行政管理部门的本质属性决定了其优先考虑公众利益作为其行动的出发点。

从双方行动的收益来看，本次博弈中行政管理部门的行动是固定的，那就是提出不调整容积率的要求。在行政管理部门采取不调整策略并严守阵地的情况下，居民委员会的行动策略也只能选择接受不调整，否则其收益将会从原有 L 的基础上降低 E。尽管居民委员会选择调整有可能获得收益（L＋E）＞L，但在行政管理部门不更换策略的前提下，居民委员会根本无法实现（L＋E）的收益。

一般情况下，调整容积率所带来的额外收益 E 越大，居民委员会希望调整的概率就越大。但行政管理部门刚好相反，调整容积率给其带来的是负向的收益，且行政管理部门的公众压力 I 会随着居民委员会额外收益 E 的增加而递减，因此行政管理部门不采纳调整意见的概率远大于采纳调整意见的概率。

从现实层面来讲，容积率调整所带来的最直观的收益就是开发价值的提升。考虑到图则的审批程序及土地开发的时间，以 2016 年 4 月项目所在区域新建住房的均价 48933 元/平方米、商业建筑面积 30% 来计算，如将容积率从 3.2 提高到 5.0，仅返还用地就能给房地产开发企业增加 19297 平方米的额外居住建筑面积，将会带来额外出售金额约 9.4 亿元的巨额收入，同时将大幅抬高土地的出让价。因此，居民委员会希望调整容积率的意愿非常强烈。

按照深圳市人均居住面积 28 平方米（2014 年）的标准计算，所增加的 19297 平方米居住面积会给地块增加 690 人，以三口之家的标准计算，大约增加了 230 户。从数值上来看较容积率为 3.2 时增长了约 56%，这将给地块周围的公共基础设施——幼儿园、社区老年人日间照料中心、社区体育活动场地等带来巨大的压力。因此，行政管理部门在容积率的调整方面必须非常谨慎。

此外，本博弈矩阵中所反映的仅是给定策略下一次博弈的结果，如果双方进行多次博弈，其结果可能会与一次博弈的结果存在差异。以下是双方实际采取的行动策略。

4.3.3.1 居民委员会的行动

在本案例中，居民委员会采取了要求调整容积率的行动。在公示期间提出了免去地块内的公共配套设施指标（幼儿园、社区老年人日间照料中心和社区体育活动场地），以及将容积率提高至 5.0 以上的要求。

由于居民委员会作为代表对此处土地进行经营管理，同时土地在返还之后允许用于房地产开发，在这种情况下为了谋求更多的土地出让和开发的收益，居民委员会希望通过将容积率提高至

5.0 的方式增加住宅面积，获取更多的经济效益。

4.3.3.2　行政管理部门的行动

行政管理部门在博弈中代表的是公众利益，在商住功能的土地上提高容积率会提高土地开发的价值，令土地出让变得更容易。但居住功能会给地区带来大量的新增人口，给周边的公共配套设施带来压力。

此外，很多业主在购买房屋时往往不会注意周边的公共配套设施是否齐全，导致在入住之后才发现服务设施不全。这时，业主通常不会责怪出让土地的居民委员会和开发土地的房地产开发企业，而更可能会埋怨行政管理部门不在地区内建设足够的相关配套设施。出于职能与公信力等方面的考虑，行政管理部门也必须从公众的角度出发，充分保障社会公众利益。

因此，出于公共利益的考虑，行政管理部门在该方案中采取了严格控制容积率的做法，对居民委员会将容积率提高至 5.0 的要求给予不采纳的回应。

4.3.3.3　博弈双方的互动

在本案例中，双方的博弈并不是一次完成的。面对居民委员会将容积率提高至 5.0 的要求，行政管理部门采取的策略非常明确，即不采纳。而居民委员会的态度也非常明确，要求调整的意愿非常强烈。从 2014 年 5 月收到公示意见开始，最终博弈结果在 2015 年 2 月形成，在此期间双方经过了多次互动协调。

在协调中，行政管理部门表明了站在公众利益这一端的立场，将谈判的主动权放在公众而不是自己身上，让居民委员会明白行政管理部门因为公众利益的压力而无法让步。

此外，面对居民委员会提出的将容积率提高至 5.0 的要求，行政管理部门并没有草率地给出明确答复，而是在长时间的论证和谈判之后予以回应。居民委员会在效用贴现的原则下，最大限度地减少谈判的周期而加快项目推进的初衷难以实现，使得居民委员会的期望值在多次谈判中逐渐下降。所以，面对行政管理部门提出容积率可以提高到3.8，但居住只能占3.2的底线要求，居民委员会最终同意。

4.3.4　协调结果

4.3.4.1　协调过程

本次对容积率调整的博弈主要经历了以下几个阶段。

①容积率3.2

2013年5月，市主管部门在当地街道办事处召开会议，研究征地拆迁的有关问题。会议原则同意区政府提出的返还用地指标落地方案，返还用地功能为商住，必须配建必要的交通、教育等配套设施，容积率为3.2。

②容积率不低于3.2

2013年7月，市主管部门在调研中召开会议。会议“原则同意土地返还方案”。

③容积率5.0

2014年4月至5月公示期间，收到1条来自当地街道办及居民委员会的意见，要求将该社区返还地中的两个地块功能互换，并提高容积率至5.0以上。

④容积率3.8

2015年2月，市主管部门召开会议研究该项目征地拆迁问题，会议提出认真研究容积率调整方案。

4.3.4.2　最终结果

在多方主体多次提出希望支持居民委员会，将容积率提升至

3.8 的情况下，最终返还用地性质由医院用地（GIC4）调整为商住混合用地（R2），用地面积为 15315 平方米，容积率 3.8（居住建筑面积不超过 4.9 万平方米），配套 6 班幼儿园（用地面积不小于 1800 平方米）、社区老年人日间照料中心（用地面积不小于 450 平方米）和社区体育活动场地（用地面积不小于 200 平方米）。根据《深圳市城市规划标准与准则》，结合片区实际情况，考虑到公共配套设施和市政设施承载力，在居住建筑容积率不超过 3.2 的基础上，适当增加商业建筑面积和配套设施建筑面积，将容积率由 3.2 提高至 3.8，地块同时注明该社区返还地块居住建筑面积不超过 4.9 万平方米。

经核算，幼儿园、社区体育活动场地和老年人日间照料中心是必须配建的公共配套设施，市主管部门明确提出配建必要的配套设施。因此，相关配套设施仍不变。

从结果上看，居民委员会争取到将容积率从 3.2 提高至 3.8，已经获取了一部分额外收益；行政管理部门在容积率为 3.8 的基础上，提出了居住容积率不高于 3.2 的上限要求，起到了保障区域内人口规模适宜的作用，将公共基础设施的压力降至最低，同时，提出在该地块必须建设幼儿园、社区体育活动场地和社区老年人日间照料中心，在保障公众权益的基础上收获了额外的公众认可。

因此，双方的最终博弈收益结果可以表示如下。

表 4－2　行政管理部门与居民委员会博弈结果

	行政管理部门	居民委员会
收益	$S+R_1$	$L+E_1$

与表 4－1 中的博弈矩阵相比，这一结果没有损害任何一方的

利益，并且在最优均衡结果（S，L）的基础上让双方都获得了额外的收益。由此可见，双方其实是达成了合作关系的，其收益结果也满足以整体利益最大化为优先的合作博弈策略。

因此，该方案从开始的居民委员会和行政管理部门从各自的利益和意愿出发进行行动选择，到最后二者各有让步达成合作，其实是一个通过协调博弈实现从非合作博弈到合作博弈的跨越。

4.4 小结

自1999年开始，深圳市法定图则至今已经有较为丰富的实践经验，从最开始的探索阶段到逐渐成熟，积累了大量宝贵的经验。

通过对深圳市法定图则编制过程中的博弈要素进行分析梳理，可以发现在此博弈过程中的利益主体能够归结为行政管理部门和社会公众（房地产开发企业和规划业务人员因为参与有限，所以本书不将其作为重点内容进行分析）。在社会公众之中，又以社会资本最为活跃，企业运营的需求导致了社会资本必然有与房地产开发企业一样以自身经济利益为优先的行动意愿。

同时，法定图则编制期间的博弈内容主要涉及土地使用性质、公共配套设施、道路结构以及开发强度等四个类别。其中，行政管理部门对公共配套设施的关注度最高，包括居民委员会、社会资本、所涉社区业主在内的社会公众则更多关注土地使用性质。这与二者的自身属性及个体意愿的特征相符，行政管理部门是公共利益的维护者，社会公众则更多地关注自身的利益。此外，由个体组成的社会公众更具有“为全体社会公众谋求利益”的觉悟。

从该社区征地返还方案的博弈案例中可以看到，针对法定图则调整的博弈是不完全重复的多次博弈。在实际互动中，双方其实并不是严格按照矩阵中的行为和收益进行的，都采取了一定的策略以求获得自己预期的收益。从结果上看，双方其实都做出了一定的让步，令双方都能不同程度地获得额外收益，其实是一个通过协调实现从非合作博弈到合作博弈的转变过程。

在控制性详细规划编制的博弈中，绝对的均衡往往很难实现，这就需要根据每个案例自身的特点，厘清各利益主体之间的相互关系，找出关键的博弈内容，根据每个案例的具体情况确定具体的应对策略。只有关注每一方的利益和诉求，才能让控制性详细规划编制的过程更加顺畅，从而在真正意义上实现各方利益的相对均衡。

第 5 章

结论、研究创新点及难点

5.1 主要研究结论

5.1.1 存在的问题

通过引入协调博弈的思想对控制性详细规划编制中的博弈行为进行分析，可以发现我国在控制性详细规划编制中的利益博弈方面存在以下导致利益失衡的主要问题。

5.1.1.1 社会公众的诉求表达程序的缺位

从我国控制性详细规划的编制办法及相关实践来看，造成控制性详细规划方案中多方利益不均衡的重要原因之一是缺乏多方参与的机制或者多方参与仍然停留在表面层次。在大多数情况下，作为博弈重要主体的社会公众却仅能在控制性详细规划草案编制完成后的公示阶段表达自己的意愿。然而，此时草案的编制已经基本完成，对于公众的意见难以做到全面考量和协调，甚至即便采纳了公众的意见也只能在现有草案的基础上进行微调，使得社会公众的意见无法充分在控制性详细规划的成果中体现出来。

5.1.1.2　规划业务人员的角色定位并不明晰

我国编制控制性详细规划草案的规划业务人员主要受雇于行政管理部门和房地产开发企业，几乎成为上级主体的代言人。这就导致控制性详细规划草案的编制往往是政府意志或房地产开发企业利益的体现，而忽视了所涉社区业主、社会资本等社会公众的诉求。

5.1.1.3　地方政府对公共基础设施建设的支持力度不够

从深圳市法定图则编制过程中的博弈要素分析情况来看，对公共配套设施的争议是其中的重要博弈点。行政管理部门出于保障公共利益的考虑，会要求房地产开发企业或土地所有者在地块内建设一定数量的公共设施，后者却因为牵扯到自身的既得利益而常常推脱这一责任，导致公共利益的损失和政府财政的额外支出。

5.1.2　对策建议

在对以上问题进行分析总结的基础上，为在控制性详细规划编制过程中实现各方主体的利益均衡，本书提出如下对策建议。

5.1.2.1　完善控制性详细规划编制过程中的多方参与机制

控制性详细规划作为各方利益博弈的平台，首先应当保证参与博弈的各方主体都能够充分、有效地表达自己的意愿和诉求，这就需要对现有控制性详细规划编制过程中的多方参与机制进行补充和完善。

在这一方面，香港特别行政区法定图则编制过程中的公众参与机制是一个值得学习和借鉴的优秀案例。在香港特别行政区法定图则编制过程中，公众咨询、公众展示等环节为社会公众能够在规划研究阶段积极有效地表达自己的意愿提供了保障。引入这种多层次的公众参与机制，有助于为参与利益博弈的各方主体提供公开、公平、公正的博弈平台，让各方主体都能积极表达自身的利益诉求。

同时，从控制性详细规划编制开始的研究阶段就引入规划咨询和听证环节，以程序上的法定性保障各方利益主体的参与权利，也可以帮助进行规划决策和规划制定的行政管理部门及规划业务人员真正了解各方主体的利益诉求，从而做出较为合理、全面的协调方案。

5.1.2.2 引入受雇于社区、市民等社会公众的规划咨询机构

控制性详细规划是各方主体博弈的平台，那么规划业务人员的角色定位应该明确为博弈主体的协调人，即这场博弈中的法官。同时，社会公众具有群体复杂性，多从自己的利益出发，往往并不能公正客观地看待方案的编制，这也需要有专门的规划业务人员对其利益需要进行转化和解释。

在控制性详细规划由受雇于政府或房地产开发企业的规划业务人员进行编制的前提下，引入受雇于社区、市民等社会公众的第三方规划咨询机构，让他们能够代表公众的诉求参与控制性详细规划草案的编制和评判。一方面，能够使规划业务人员除了贡献自己的专业技能外，还能在控制性详细规划编制的法定程序以内，积极有效地组织、引导和推动公众参与这一流程，让社会公众能够更加充分、深入地理解控制性详细规划草案的内容和意图，有助于各方主体的利益协调；另一方面，也能让规划业务人员在控制性详细规划草案编制的过程中充分了解和落实来自不同主体的利益诉求和发展意愿，真正成为控制性详细规划编制过程

中利益博弈的协调人。

5.1.2.3　在控制性详细规划草案中设定以公共财政保障公共配套设施指标

在公共配套设施方面，房地产开发企业和社会资本因为利益的追求推卸责任，社会公众往往也会从自身的角度希望得到某些方面更加便利的服务，以及某些设施更近的距离。这就要求负责控制性详细规划编制工作的行政管理部门从全局、长远的角度出发，为地区设置合理的公共配套设施，同时以强制力保证其建设实施。

因此，公共财政应当介入控制性详细规划草案编制的过程，针对地块的性质和开发强度明确提出与方案相匹配的刚性公共基础设施指标，可以要求这部分公共配套设施采用政府财政出资或PPP等新型融资方式进行开发，以保障地块内公共配套设施的供给。同时，对于愿意承担此类公共配套设施建设任务的房地产开发企业或社会资本等博弈主体，政府可以在土地使用性质、开发强度等方面提供奖励性的弹性指标，但前提是公共配套设施必须完成建设。

5.1.2.4　设定控制性详细规划编制的多方案原则

可以借鉴深圳市城中村改造的方式，在控制性详细规划编制的过程中引入多方案编制的原则。基于不同角度的方案更容易满足各方主体的需要，尤其是可以将以行政管理部门或房地产开发企业为主导的控制性详细规划草案与受雇于公众的规划业务人员编制的草案进行比较，挑选更符合利益均衡原则的方案；或采取优势互补的方法，对多个方案进行综合，从而整理出更符合城市发展方向和各方利益主体意愿的草案，让控制性详细规划编制真正意义上成为均衡各方主体利益的手段。

5.2 研究创新点及难点

5.2.1 研究创新点

本书立足于社会主义市场经济体制，引入协调博弈的思想对控制性详细规划编制过程中的博弈要素、博弈行为、均衡模式进行了系统分析。博弈论是一种处于各学科之间的研究个体行为的独特的方法，控制性详细规划编制过程中的博弈问题不是一个仅凭借城市规划相关理论就能解决的社会问题，而是一个综合性的问题。

在我国社会主义市场经济体制的环境下，利用协调博弈的思想对控制性详细规划编制过程中的博弈问题进行分析，希望能够借此在各方利益主体之间找到实现合作的协调方法，从而优化现有控制性详细规划编制的策略，强化行政管理部门功能。

5.2.2 研究难点及不足

首先，博弈论是一个十分复杂的体系，它是一门涉及经济学、运筹学、现代数学等多个学科的综合系统方法论。本书仅采用了协调博弈一种分析范式，对于能否彻底明确博弈的思想和方法在控制性详细规划编制过程中的作用还有待进一步研究论证。

其次，本书对经验的总结和案例的分析主要依赖文献总结法和访谈法，获取的信息难以做到全面和公正，难保不会遗漏其他可能存在的影响因子。另外，因为针对案例所获得的信息与具体地块的行政管理部门、当地居民的需求和利益有着直接且密切的关联，在案例分析后筛选的行动策略是否具有放之四海而皆准的普适价值还有待进一步研究和实践。希望以后的研究能对此进行改进和补充。

参考文献

鲍梓婷、刘雨菡、周剑云：《市场经济下控制性详细规划制度的适应性调整》，《规划师》2015 年第 4 期。

蔡泰成：《探讨香港城市规划公众参与制度的保障体系》，载中国城市规划学会主编《规划创新：2010 中国城市规划年会论文集》，重庆出版社，2010。

蔡瀛等：《控制性详细规划编制的探索与创新——〈广东省城市控制性详细规划编制指引〉解析》，《城市规划》2007 年第 3 期。

蔡震：《我国控制性详细规划的发展趋势与方向——关于控规如何更好适应规划管理要求的研究》，硕士学位论文，清华大学，2004。

《城市规划被房地产开发企业暗地操纵》，《东方早报》2009 年 9 月 13 日。

《城市规划编制办法》，《中华人民共和国国务院公报》2006 年第 33 期。

《城市规划强制性内容暂行规定》，《中国建设信息》2003 年第 3 期。

《城市、镇控制性详细规划编制审批办法》，《建筑监督检测与造价》2010年第Z1期。
程洪江、谭敏：《控制性详细规划编制技术的创新与发展方向——多个城市控规开展情况的对比研究》，《四川建筑》2012年第5期。
崔健、杨保军：《控规：利益的博弈 政策的平衡》，《北京规划建设》2007年第5期。
董金柱、徐政：《趋于协作治理的大都市控规编制技术与管理机制研究——以北京市控规编制体系为例》，《理想空间》2010年第6期。
杜雁：《深圳法定图则编制十年历程》，《城市规划学刊》2010年第1期。
范丽君：《深圳城市更新单元规划实践探索与思考》，载中国城市规划学会主编《城市时代，协同规划——2013中国城市规划年会论文集》，青岛出版社，2013。
〔美〕冯·诺伊曼、摩根斯顿：《博弈论与经济行为》，王文玉、王宇译，生活·读书·新知三联书店，2004。
高新军：《美国“分区制”土地管理的由来及变化》，《中国经济时报》2011年1月12日。
郭素君：《深圳法定图则与控规的历程回顾与比较》，《江苏城市规划》2006年第10期。
何强为：《容积率的内涵及其指标体系》，《城市规划》1996年第1期。
黄韬等：《博弈论的发展与创新——1994年诺贝尔经济学奖获得者成就介绍》，《财经问题研究》1995年第5期。
姜杰、曲伟强：《中国城市发展进程中的利益机制分析》，《政治学研究》2008 年第 5 期。

李贵才：《基于协调博弈的城中村更新发展——来自深圳市的案例调查》，“城 PLUS”微信公众号，2015 年 8 月 12 日。

李浩、孙旭东、陈燕秋：《社会经济转型期控规指标调整改革探析》，《现代城市研究》2007 年第 9 期。

李建华：《论我国地方政府与公共产品供给》，硕士学位论文，吉林大学，2004。

李江云：《对北京中心区控规指标调整程序的一些思考》，《城市规划》2003 年第 12 期。

李荣芝、杨华照：《市民社会特征下的香港体育研究》，《山东体育学院学报》2010 年第 12 期。

李宪宏、程蓉：《控制性详细规划制定过程中的公众参与——以闵行区龙柏社区为例》，《上海城市规划》2006 年第 1 期。

李雪飞、何流、张京祥：《基于〈城乡规划法〉的控制性详细规划改革探讨》，《规划师》2009 年第 8 期。

〔美〕理查德·波斯纳：《法律的经济分析》第七版，蒋兆康译，法律出版社，2012。

梁鹤年：《合理确定容积率的依据》，《城市规划》1992 年第 2 期。

刘军：《基于定量优化分析的容积率确定方法研究》，中国城市规划年会，贵阳，2015。

刘全波、刘晓明：《深圳城市规划“一张图”的探索与实践》，《城市规划》2011 年第 6 期。

刘昕：《城市更新单元制度探索与实践——以深圳特色的城市更新年度计划编制为例》，《规划师》2010 年第 11 期。

卢柯：《加强重点地区控规编制的前期规划研究——香港落马洲河套地区规划研究案例借鉴》，《上海城市规划》2015 年第 6 期。

吕薇：《利益群体博弈的背后》，《瞭望新闻周刊》2006 年第 28 期。
吕勇：《控制性详细规划编制方法研究》，硕士学位论文，清华大学，1996。
罗罡辉、李贵才、徐雅莉：《面向实施的权益协商式规划初探——以深圳市城市发展单元规划为例》，《城市规划》2006 年第 2 期。
罗可、张金荃：《当代中国城市规划中的利益博弈》，载中国城市规划学会主编《规划 50 年——2006 中国城市规划年会论文集（中册）》，2006。
罗思东：《美国城市分区规划的社会排斥》，《城市问题》2007 年第 8 期。
潘天群：《博弈论与社会科学方法论》，南京大学出版社，2015。
潘天群：《博弈生存——社会现象的博弈论解读》，中央编译出版社，2003。
全国城市规划执业制度管理委员会编《城市规划法规文件汇编》，中国建筑工业出版社，2000。
全国人大常委会法制工作委员会经济法室、国务院法制办农业资源环保法制司、住房和城乡建设部城乡规划司、政策法制司编《中华人民共和国城乡规划法解说》，知识产权出版社，2016。
任英：《控制性详细规划中容积率指标确定的探讨》，《科技情报开发与经济》2009 年第 24 期。
《社区股份公司“变形记”》，《南方都市报》2015 年 12 月 16 日。
石楠：《Zoning 区划控制性详规》，《城市规划》1992 年第 2 期。
石楠：《编者絮语》，《城市规划》2006 年第 8 期。
宋丽青、林坚、马晨越：《控制性详细规划调整中的利益相关者诉求研究——以北京市中心城轨道交通站点储备用地的规划调整为例》，《上海城市规划》2014 年第 2 期。

宋小东、庞磊、孙澄宇：《住宅地块容积率估算方法再探》，《城市规划学刊》2010 年第 2 期。

孙峰：《基于提高规划管理效能的法定图则编制初探》，《规划师》2009 年第 5 期。

田莉：《我国控制性详细规划的困惑与出路——一个新制度经济学的产权分析视角》，《城市规划》2007 年第 1 期。

汪坚强：《控制性详细规划运作中利益主体的博弈分析——兼论转型期控规制度建设的方向》，《城市发展研究》2014 年第 10 期。

汪坚强：《迈向有效的整体性控制——转型期控制性详细规划制度改革探索》，《城市规划》2009 年第 10 期。

汪坚强：《溯本逐源：控制性详细规划基本问题探讨——转型期控规改革的前提性思考》，《城市规划学刊》2012 年第 6 期。

汪坚强、于立：《我国控制性详细规划研究现状与展望》，《城市规划学刊》2010 年第 3 期。

王峰、黄博燕：《中国控规和美国控规（Zoning）的区别》，载中国城市规划学会主编《城市时代，协同规划——2013 中国城市规划年会论文集》，青岛出版社，2013。

王富海：《从规划体系到规划制度——深圳城市规划历程剖析》，《城市规划》2000 年第 1 期。

王鹏：《控制性详细规划之土地细划初探》，《山东建筑工程学院学报》1993 年第 1 期。

王鹏：《控制性详细规划指标体系初探》，《山东建筑大学学报》1991 年第 2 期。

文超祥、马武定：《博弈论对城市规划决策的若干启示》，《规划师》2008 年第 10 期。

吴可人:《城市规划中四类利益主体剖析及利益协调机制研究》,硕士学位论文,浙江大学,2006。

吴可人、华晨:《城市规划中四类利益主体剖析》,《城市规划》2005 年第 11 期。

吴良镛:《多学科综合发展——城市研究的必由之路》,《北京城市学院学报》2007 年第 5 期。

咸宝林:《城市规划中容积率的确定方法研究》,硕士学位论文,西安建筑科技大学,2007。

谢识予:《纳什均衡论》,上海财经大学出版社,1999。

徐会夫、王大博、吕晓明:《新〈城乡规划法〉背景下控制性详细规划编制模式探讨》,《规划师》2011 年第 1 期。

徐丽、刘堃、李贵才:《深圳后法定图则时代的控制性详细规划探索》,《城市发展研究》2013 年第 5 期。

许安拓:《博弈论原理及其发展》,《人民论坛》2012 年第 11 期。

颜丽杰:《〈城乡规划法〉之后的控制性详细规划——从科学技术与公共政策的分化谈控制性详细规划的困惑与出路》,《城市规划》2008 年第 11 期。

杨宏山:《公共政策视野下的城市规划及其利益博弈》,《广东行政学院学报》2009 年第 4 期。

衣霄翔:《“控规调整”何去何从?——基于博弈分析的制度建设探讨》,《城市规划》2013 年第 7 期。

于一丁、胡跃平:《控制性详细规划控制方法与指标体系研究》,《城市规划》2006 年第 5 期。

张建英:《博弈论的发展及其在现实中的应用》,《理论探索》2005 年第 2 期。

张京祥、罗震东、何建颐：《体制转型与中国城市空间重构》，东南大学出版社，2007。

张良桥：《协调博弈理论研究新进展》，《经济前沿》2009 年第 4 期。

张良桥：《协调博弈与均衡选择》，《求索》2007 年第 5 期。

张庭伟：《转型期间中国规划师的三重身份及职业道德问题》，《城市规划》2004 年第 3 期。

张维迎：《博弈论与信息经济学》，上海人民出版社，1999。

赵守谅：《容积率的定量经济分析方法研究》，硕士学位论文，华中科技大学，2004。

赵燕菁：《面向可操作的城市规划》，第二届中国城市规划学科发展论坛，上海，2005。

郑磊：《控制性详细规划中的程序失范与制度改良》，《昆明理工大学学报》（社会科学版）2013 年第 6 期。

郑文含、唐历敏：《控制性详细规划经济分析的一般框架探讨》，《现代城市研究》2012 年第 5 期。

中华人民共和国建设部：《关于搞好规划，加强管理，正确引导城市土地出让转让和开发活动的通知》，1992。

周干峙：《城市规划需要解决两大问题》，《中华建设》2010 年第 1 期。

周建军：《我国控制性详细规划理论与实践的回顾与反思》，《规划师》1996 年第 3 期。

周樟垠、陈怀录：《面向公众参与的控制性详细规划研究——以陇南市徽县工业集中区为例》，《现代城市研究》2013 年第 6 期。

邹兵、陈宏军：《敢问路在何方？——由一个案例透视深圳法定图则的困境与出路》，《城市规划》2003 年第 2 期。

A. Lewis and D. Newsome, "Planning for Stingray Tourism at Hamelin Bay, Western Australia: The Importance of Stakeholder Perspectives," *International Journal of Tourism Research* 5 (2010): 331 – 346.

C. C. Eckel and R. K. Wilson, "Social Learning in Coordination Games: does Status Matter?" *Experimental Economics* 10 (2007): 317 – 329.

C. M. Locke and A. R. Rissman, "Factors Influencing Zoning Ordinance Adoption in Rural and Exurban Townships," *Landscape and Urban Planning* 134 (2015): 167 – 176.

D. P. McMillen and J. F. McDonald, "Land Use before Zoning: The Case of 1920's Chicago," *Regional Science and Urban Economics* 29 (1999): 473 – 489.

D. Ruiz-Labourdette et al., "Zoning a Protected Area: Proposal Based on a Multi-thematic Approach and Final Decision," *Environmental Modeling & Assessment* 15 (2010): 531 – 547.

E. J. Jepson and A. L. Haines, "Zoning for Sustainability: A Review and Analysis of the Zoning Ordinances of 32 Cities in the United States," *Journal of the American Planning Association* 80 (2014): 239 – 252.

E. Rossi-Hansberg, "Optimal Urban Land Use and Zoning," *Review of Economic Dynamics* 7 (2004): 69 – 106.

H. Carlsson and M. Ganslandt, "Communication, Complexity and Coordination in Games," in Arnold Zellner, Hugo A. Keuzenkamp, and Michael McAleer (eds.), *Simplicity, Inference and Modelling Keeping it Sophisticatedly Simple*, Cambridge University Press (2002).

H. Hans, "How to Play if You Must," *Behavioral & Brain Sciences* 26 (2003): 161 – 162.

H. J. Munneke, "Dynamics of the Urban Zoning Structure: An Empirical Investigation of Zoning Change," *Journal of Urban Economics* 58 (2005): 455 – 473.

J. M. Bradley and P. T. Hester, "Contested Real Estate Rezoning from a Game Theory and Stakeholder Analysis Perspective," *IIE Annual Conference Proceedings*, Institute of Industrial Engineers-Publisher (2013).

J. Nash, "Non-cooperative Games," *Annals of Mathematics Studies* 54 (1951): 286 – 295.

J. Rawls, *A Theory of Justice Revised Edition*, Belknap Press of Harvard University Press (1999).

L. Li, "Conflict Resolution in the Zoning of Eco-protected Areas in Fast-growing Regions Based on Game Theory," *Journal of Environmental Management* 170 (2016): 175 – 185.

L. S. Shapley and M. Shubik, "A Method for Evaluating the Distribution of Power in a Committee System," *American Olitical Science Review* 48 (1954): 787 – 792.

María del Carmen Sabatini, et al., "A Quantitative Method for Zoning of Protected Areas and its Spatial Ecological Implications," *Journal of Environmental Management* 83 (2007): 198 – 206.

M. Spence, "Job Market Signaling," *Quarterly Journal of Economics* 87 (1973): 355 – 374.

P. F. Colwell and H. J. Munneke, "The Structure of Urban Land Prices," *Jornal of Urban Economics* 41 (1998): 321 – 336.

P. G. Straub, "Risk Dominance and Coordination Failures in Static Games," *Quarterly Review of Economics & Finance* 35 (1995): 339 – 363.

P. V. Crawford and H. Haller, "Learning How to Cooperate: Optimal Play in Repeated Coordination Games," *Econometrica* 58 (1990): 571 – 595.

S. R. Arnstein, "A Ladder of Citizen Participation," *Journal of the American Institute of Planners* 35 (1969): 216 – 224.

V. P. Crawford, "Theory and Experiment in the Analysis of Strategic Interaction," in David M. Kreps and Kenneth F. Wallis (eds.), *Advances in Economics and Econometrics: Theory and Applications Seventh World Congress*, Cambridge University Press (1997).

图书在版编目(CIP)数据

基于协调博弈的控制性详细规划编制研究 / 王超著
. -- 北京 : 社会科学文献出版社, 2023.10 (2024.2 重印)
(空间规划的合约分析丛书 / 李贵才, 刘世定主编
)

ISBN 978 - 7 - 5228 - 2261 - 7

Ⅰ. ①基… Ⅱ. ①王… Ⅲ. ①城市规划 - 研究 - 深圳
Ⅳ. ①TU984.265.3

中国国家版本馆 CIP 数据核字 (2023) 第 144681 号

空间规划的合约分析丛书
基于协调博弈的控制性详细规划编制研究

丛书主编 / 李贵才　刘世定
著　　者 / 王　超

出 版 人 / 冀祥德
责任编辑 / 杨桂凤
文稿编辑 / 李惠惠
责任印制 / 王京美

出　　版 / 社会科学文献出版社 · 群学出版分社 (010) 59367002
地址: 北京市北三环中路甲 29 号院华龙大厦　邮编: 100029
网址: www.ssap.com.cn
发　　行 / 社会科学文献出版社 (010) 59367028
印　　装 / 唐山玺诚印务有限公司

规　　格 / 开 本: 787mm × 1092mm　1/16
印 张: 7.5　字 数: 91 千字
版　　次 / 2023 年 10 月第 1 版　2024 年 2 月第 2 次印刷
书　　号 / ISBN 978 - 7 - 5228 - 2261 - 7
定　　价 / 89.00 元

读者服务电话: 4008918866